U0232405

Sensor Katsuyou 141 no Jissen Knowhow

By Kunihiko Matsui

Copyright © 2001 by Kunihiko Matsui

All rights reserved.

Originally published in Japan by CQ Publishing Co., Ltd., Tokyo.

Chinese(in simplified character only) translation rights arranged with

CQ Publishing Co., Ltd., Japan.

センサ活用141の実践ノウハウ

松井邦彦　CQ出版株式会社　2004

著 者 简 介

松井邦彦

1954 年　生于长崎县

1973 年　毕业于长崎县立长崎工业高等学校电子工程专业

1973 年　就职于东芝综合研究所,在电子部件研究所传感器组工作

1982 年　辞职

现　在　就职于长崎电路设计公司,株式会社 CDN 技术顾问

主要著作

《センサ麻用回路の設計・製作》,1990 年初版,CQ 出版株式会社

《OPアンプ活用 100の実践ノウハウ》,1999 年初版,CQ 出版株式会社

图解实用电子技术丛书

传感器应用技巧 141 例

各种传感器的结构·工作原理·应用线路

〔日〕 松井邦彦 著

梁瑞林 译

科学出版社

北京

图字：01-2005-1158 号

内 容 简 介

本书是"图解实用电子技术丛书"之一。本书介绍了光敏、红外、热敏电阻器、铂电阻、热电偶、湿度、气体、磁敏、超声波、振动与加速度、电流、压力、应变、风速、位置等传感器的应用技巧，具有很强的实用性。

本书可作为传感器、计算机应用、自动化技术、计量测试等领域的工程技术人员的参考书，也可以作为大专院校学生的基本技能训练的指导书。

图书在版编目(CIP)数据

传感器应用技巧 141 例/(日)松井邦彦著；梁瑞林译. —北京：科学出版社，2005（2023.7重印）

（图解实用电子技术丛书）

ISBN 978-7-03-016511-4

Ⅰ.传… Ⅱ.①松…②梁… Ⅲ.传感器-应用 Ⅳ.TP212-64

中国版本图书馆 CIP 数据核字(2005)第 139333 号

责任编辑：赵方青 崔炳哲 / 责任制作：魏 谨
责任印制：张 伟 / 封面设计：李 力
北京东方科龙图文有限公司 制作
http://www.okbook.com.cn

科学出版社 出版
北京东黄城根北街 16 号
邮政编码：100717
http://www.sciencep.com
北京虎彩文化传播有限公司 印刷
科学出版社发行 各地新华书店经销
*
2006 年 1 月第 一 版 开本：B5(720×1000)
2023 年 7 月第十九次印刷 印张：14 1/4
字数：205 800
定 价：36.00 元
（如有印装质量问题，我社负责调换）

译者序

在《传感器实用电路设计与制作》一书的译者序中,译者曾经感叹到"美中不足之处在于其对传感器的介绍不够全面,如缺少常见的热敏电阻器的使用方法和气体(包括湿度)传感器的使用方法"。庆幸的是在《传感器实用电路设计与制作》的姊妹篇《传感器应用技巧141例》中,不仅见到了热敏电阻器、气体传感器和湿度传感器的使用方法,而且就连平时不常见的振动传感器与加速度传感器、应变传感器、风速传感器以及位置传感器的实用技巧也被用来以飨读者。

正如著者在前言中所述,为了避免与《传感器实用电路设计与制作》内容上的重复,本书对于电路原理的阐述更为简略;取而代之的是大幅度地增加了对于各种应用技巧的介绍,其实用化的特点更加明显。因此,本书适合作为生产第一线的工程技术人员的参考用书,以及作为在校大学生和在读研究生基本技能训练的指导书或者他们参加"星火杯"、"挑战杯"制作竞赛的参考书。不过,当读者希望通过实际制作能够进一步熟悉电路工作原理或者对电路能够细致分析时,最好将这两本书结合起来阅读。

与《传感器实用电路设计与制作》一样,需要提醒读者注意的是,书中所有涉及到市电供电电源之处,电压都是 100V。这是因为日本的市电在关东地区为 50Hz/100V,关西地区为 60Hz/100V;而当设计制作成在中国大陆地区使用的电路时,应当因地制宜,即设计制作成 50Hz/220V。

如果该书的翻译出版能够对我国传感器技术的发展起到某些推动作用,译者将深感荣幸。另外,对于本书翻译中的不正确与不确切之处,敬请读者不吝赐教与斧正。

在本书翻译过程中,西安电子科技大学教工李小琳参与了全书图形、照片、表格和公式的文字处理工作,研究生常乐、高超、王党朝、韩兆芳等人参与了文字校对。尤其是在本书的出版过程中,始终得到了科学出版社相关人士的指导与帮助。值此《传感器应用技巧141例》的中译本出版发行之际,对于所有关心、指导、帮助过本书翻译出版和译稿整理工作的人士,表示衷心的感谢。

译　者

前　言

自 1991 年作者的《传感器实用电路设计与制作》[1] 第一版出版发行以来,转眼间已有 11 年了。算起来,作者也该筹划出版第二部有关传感器方面的书了。

虽然与第一部传感器方面的书《传感器实用电路设计与制作》一样,《传感器应用技巧 141 例》也是由传感器的解说和实用电路两部分组成;但是在传感器的解说方面,作者将努力使其更为通俗易懂。

值此执笔之际,充分斟酌了第一部书与第二部书的结构以及重点的分布,相信在内容方面会让读者感到满意。

尽管是在数字化技术占据着传感器应用领域主流的今天,传感器作为前沿的模拟器件依然十分活跃。在本书中,读者将会体会到这方面的乐趣。

作者在这 11 年多的时间里,使用过很多的传感器,设计出了大量的电路。例如,电流超过 40A 的雷电电流传感器电路;需要分析冷却到液氮温度时的高信噪比的辐射传感器电路;还有激光二极管与 PIN 光敏二极管配对使用的远距离传输用互阻抗电路等。在此期间,作者所积累的某些技术诀窍,本书中将稍作介绍。

作者并非一味地追求性能高、价格昂贵的传感器,所使用的传感器之中也不乏已经过时或低廉的传感器。一般说来,这些传感器只要在电路上稍作改动,就足以充分地发挥其功能。

本书将要介绍的传感器有光敏传感器、红外传感器、热敏电阻器、铂电阻、热电偶、湿度传感器、气体传感器、磁敏传感器、超声波传感器、振动传感器与加速度传感器、电流传感器、压力传感器、应变传感器、风速传感器、位置传感器等。

总之,作者希望能够尽可能多地向读者介绍各种类型的传感器,为此不得不在本书中舍弃了《传感器实用电路设计与制作》一

---

1) 该书 2003 年第 14 版已由梁瑞林翻译、科学出版社 2005 年 4 月出版中译本。——译者注

书中已经介绍过的内容。为了较为全面地了解传感器电路的实用技巧,建议读者将本书与《传感器实用电路设计与制作》一书结合在一起阅读。

本书是由日本 CQ 出版株式会社月刊杂志《晶体管技术》1997年 2 月号至 1998年 7 月号连载的初学者园地等栏目中的文章,经过再次修改和增补而成。

最后,本书成稿于两年前,在这段时间里又发生了许许多多的事情。本人由于是工程技术人员,因此所罗列的事项多少会有花俏之嫌,这些都给编辑工作者带来了诸多麻烦。不过,全仰仗 CQ 出版株式会社山形孝雄先生深厚的编辑功底,使它成为了一本受读者欢迎的成书。对此,作者表示由衷的感谢。

另外,一些生产厂家与代理商向作者提供了诸多珍贵的传感器照片。值此本书出版之际,向所有支持过、帮助过作者的人士深表谢意。

作　者

目　录

第1章
光敏传感器电路基础

作为光敏传感器,应用最广泛也是最基本的,应当属于光敏二极管。

光敏二极管具有下述的诸多优点:

① 入射光量与输出电流的特性呈线性关系。

② 特性受温度的影响小。

③ 响应速度快。

④ 分散性小。

光敏二极管的最典型结构有平面型、PIN 型和雪崩型三种类型。充分发挥这三种结构的各自特长,使其用得其所是至关重要的。平面型结构的光敏二极管主要用于响应速度比较低的场合,PIN 型和雪崩型光敏二极管则用于需要高速响应的场合。

关于用于处理光敏传感器输出信号的高速电流-电压变换电路,将在第 2 章中予以介绍。

1 应用最广泛的通用型光敏二极管

通用型光敏二极管是应用最广泛的光敏二极管。一般情况下,感光面积越大,价格越昂贵。在通常用途的场合下,感光面有几平方毫米也就足够了。

在用于照度计的情况下,光敏传感器的分光灵敏度必须与人眼的分光灵敏度一致。为了满足上述要求,在使用 Si(硅)光敏二极管的时候,必须有视觉灵敏度校正滤光片。而在使用 GaAs(砷化镓)光敏二极管的场合下,由于其分光灵敏度与人眼的分光灵敏度相似,因此有时候也可以不使用视觉灵敏度校正滤光片。

照片 1.1 是通用型光敏二极管的外观形貌。

照片 1.1 通用型光敏二极管 MBC2014CF(Moririca Electronics. ,Ltd.)

2 响应速度快的 PIN 型光敏二极管

PIN 型光敏二极管是作为高速响应器件而使用的光敏二极管，其响应速度比普通的平面型光敏二极管快 10～100 倍。在将其作为遥控器使用的情况下，由于发光器件使用的是红外发光二极管，为了避免杂散光的干扰，需要带有能够滤除可见光的滤光片。

最新的 PIN 型光敏二极管在较小的反向电压（几伏至几十伏）下就可以工作，使用起来非常方便，通频带宽度也超过了 1GHz。虽说制作频率超过 100MHz 的放大器，对于初学者来说是一件困难的事情，不过可以选用专用放大器。

照片 1.2 是高速型光敏二极管的外观形貌。

照片 1.2 高速型光敏二极管 S5821(Hamamatsu Photonics K. K.)

3 检测范围达到紫外线的光敏二极管

GaAs(砷化镓)光敏二极管具有测量范围达紫外领域的灵敏度，利用它的这种特性，可以将其制作成紫外光敏二极管。用紫外(UV)选透滤光片与 GaAs 光敏二极管配合使用，可以使其仅在 260～400nm 的波长范围内灵敏，而对于波长在 400nm 以上的可见光以及红外线都不具有灵敏性。这种组合可以用于测量太阳光的紫外线。

照片 1.3 是紫外光敏二极管的外观形貌。

照片 1.3　紫外光敏二极管 G5842（Hamamatsu Photonics K. K.）

4　灵敏度非常高的光敏三极管

光敏三极管是在光敏二极管的基础上又增加了一个三极管，属于一种电流放大倍数比光敏二极管增大了 h_{FE} 倍的光敏传感器。三极管的直流电流放大率 h_{FE} 为几十至几百倍，因此光敏三极管的输出电流与光敏二极管的输出电流相比就变成了一个非常大的数值。但是，作为代价，在频率特性方面就做出了牺牲。

光敏三极管的温度特性和线性度也会受到三极管的直流电流放大倍数 h_{FE} 的影响。因此，与利用光敏三极管模拟特性的电路相比，它更适合应用于数字电路。

在应用光敏三极管的具有代表性产品中有光学断续器（见照片 1.4）以及反射型光敏传感器等。它们都是由发光二极管与光敏三极管组合而成的，价格便宜，所以被大量地应用于照相机、印刷机以及复印机等领域。

照片 1.4　应用通用型光敏三极管的光学断续器 TP805（（株）东芝）

照片 1.5 是通用型光敏三极管的外观形貌。

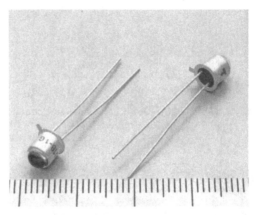

照片 1.5 通用型光敏三极管 TPS601B((株)东芝)

5 射线检测中不可缺少的辐射传感器

通常,辐射传感器的基本构造就是一个二极管(PN 结)结构。当施加反向电压后,在射线的照射下耗尽层将会产生电子-空穴对。这种在射线照射下产生的电子-空穴对,构成信号电流(或者电荷)。

虽然通用型二极管具有的辐射灵敏度比较小,但是却可以作为微小面积的辐射传感器使用。

在大面积的辐射传感器之中,表面势垒(表面阻挡层)型的辐射传感器容易买到。它是在高纯度硅的表面上真空蒸发镀制金薄膜,由此在介于二者之间的表面层形成电位势垒(PN 结)而构成的。根据应用场合的不同,可以将辐射传感器制作成了各种各样的形状。

在进行软 X 射线分析的场合下,可以使用在硅单晶中掺杂了锂、耗尽层加厚的 Si(Li)型辐射传感器。为了得到高分辨率,通常都需要在冷却条件下使用。

照片 1.6~照片 1.8 是辐射传感器的外观形貌。

照片 1.6 各种硅表面势垒检测器件（Raytec Co.,Ltd.）

照片 1.7 Si(Li)型检测器件（Raytec Co.,Ltd.）

照片 1.8 带有连接器的 Si(Li)型检测器件（Raytec Co.,Ltd.）

6　输出电流与光能成正比的光敏二极管原理

光敏二极管与普通二极管一样,都是由 PN 结构成的,因此关于它的使用方法我们不妨认为它与普通的二极管没什么两样。如图 1.1 所示,当光敏二极管受到光照射的时候,在光能的作用下,产生大量的空穴-电子对。这时候,如果将 PN 结短路,就会产生短路电流;而如果令其开路,就会产生开路电压。

不过,虽说光敏二极管既可以输出电流,又可以输出电压;但是,由于其开路电压的线性以及温度特性都比较差,因此通常使用的都是电流输出。

图 1.2 是光敏二极管的等效电路。图 1.3 是 BS120 型光敏二极管的照度-短路电流特性,可以看出,它们具有良好的线性关系。

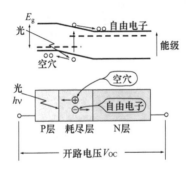

图 1.1　光敏二极管的原理

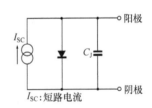

图 1.2　光敏二极管的等效电路

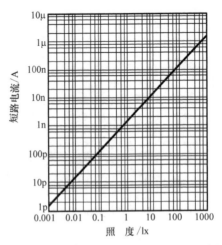

图 1.3　光敏二极管 BS120(夏普(株))的照度特性

7 影响极间分布电容和暗电流的光敏二极管结构

图 1.4 给出了光敏二极管的各种结构。现在我们仅就常见的平面扩散型光敏二极管和 PIN 型光敏二极管进行说明。

种 类	结 构	特 征
平 面扩散型	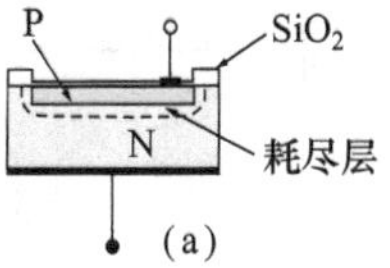 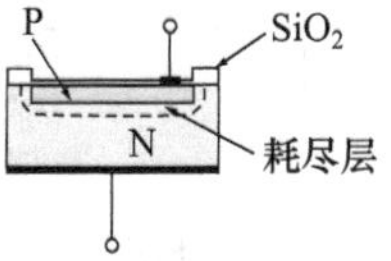 P SiO₂ N 耗尽层 (a) P SiO₂ N 耗尽层 (b) 低电容型	· 最普通的结构 · 另外还有减小结电容的低电容型
PIN 型	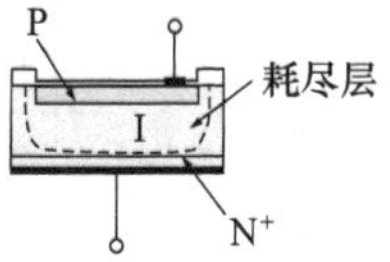 P 耗尽层 I N⁺	· 反向偏置电压下使用 · 响应速度快 · 耐电压高
雪崩型	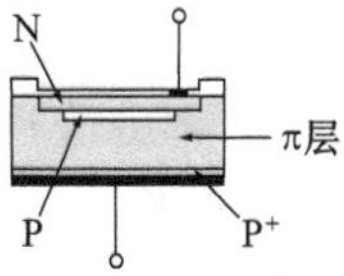 N π层 P P⁺	· 具有电流放大作用 · 可以检测微弱光线
肖脱基型	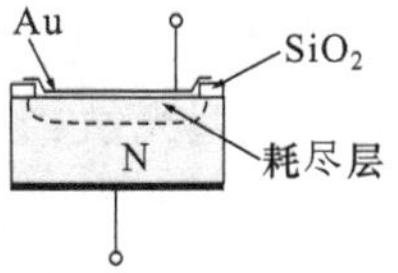 Au SiO₂ N 耗尽层	· 直到短波长的紫外领域都有灵敏度 · 反向电流大,不稳定
台面型	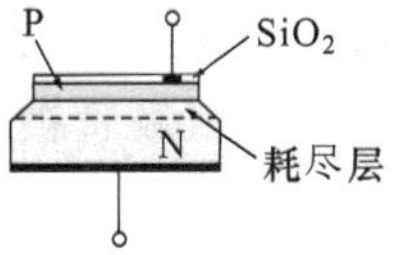 P SiO₂ N 耗尽层	· P 层区内的分布电容小

图 1.4 光度二极管的结构

平面扩散型光敏二极管是最常见的光敏二极管。在表 1.1 中,有关平面扩散型光敏二极管性能给出的是 BS120 和 BS520 两种型号的光敏二极管。BS120 平面扩散型光敏二极管的感光有效面积虽然仅有 1.55mm²,但是在反向电压为 10V 时,其极间分布电容量最大竟高达 500pF。由于这种极间分布电容量较大,因此不适于高速运作的场合;然而,因为它的暗电流小,所以又容易获得大的动态范围。综合上述优缺点,而将其广泛地应用在了照度计与曝光表内。

表 1.1　光敏二极管的技术指标

型　号	短路电流 /μA	暗电流 /pA	峰值波长 /nm	有效面积 /mm²	极间电容 /pF	生产厂家	备　注
BS120	0.16 (100lx)	10(max) (1V)	560	1.55	500(max) (10V)	夏普	平面型(Si),带有视觉灵敏度滤光片
BS520	0.55 (100lx)	10(max) (1V)	560	5.34	1000(max) (10V)		
PH302	5 (100lx)	30nA(max) (10V)	940	9	14 (5V)	NEC	PIN 型(Si),高速响应,用于红外遥控器
PH302B	5 (100lx)	30nA(max) (10V)	940	9	14 (5V)		PIN 型(Si),高速响应,用于红外遥控器,带有可见光截止滤光片
G3614	60mA/W (辐射灵敏度)	50(max) (5V)	370	0.8×0.8	80 (0V)	Hamamatsu Photonics K.K.	用于紫外线检测(GaAsP),带有紫外线滤光片

在 PIN 型光敏二极管中,本征半导体部分采用的是高电阻率的材料,如图 1.4 所示,其耗尽层扩展到了接近于 N^+ 层的程度而使用。表 1.1 中的 PH302B 就属于 PIN 型光敏二极管。PH302B 型光敏二极管在反向电压为 5V 时的极间分布电容量仅有 14pF,所以能够高速响应。作为代价,PH302B 型光敏二极管的暗电流变大了。从表 1.1 中可以看出,PH302B 型光敏二极管在反向电压为 10V 时的最大暗电流竟高达 30nA。上述的平面扩散型 BS120 型光敏二极管的暗电流最大值仅为 10pA,与该值相比就显得非常小了。综合上述考虑,PIN 型光敏二极管被广泛地应用于电视机以及摄像机等日用电器的红外遥控器中。

为了发挥 PIN 型光敏二极管的高速响应特性,通常将其在反向偏置电压下使用。通过施加反向偏置电压,如图 1.5 所示,可以减小极间的分布电容,改善其响应速度。至于暗电流,则如图 1.6 所示,反向偏置电压越高,暗电流就越大。

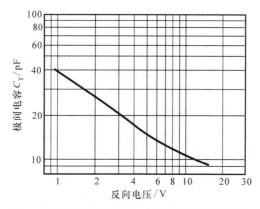

图 1.5　光敏二极管 PH302B(NEC)的极间电容

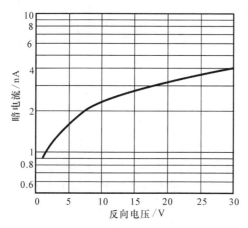

图 1.6　光敏二极管 PH302B(NEC)的反向电压-暗电流特性

8　光敏二极管的分光灵敏度特性

　　在使用光敏二极管的时候,无论如何都应当知道其分光灵敏度特性。所谓分光灵敏度特性,如图 1.7 所示,它表示的是光敏二极管对于不同波长的光具有多高的灵敏度。

　　如果对光敏二极管照射波长为 λ 的光,那么该二极管每吸收一个光子,都会产生一对能够形成光电流的载流子。但是,每个光子能否被该二极管吸收,取决于该光子的能量是否超过制作该光敏二极管的半导体材料的禁带能级宽度 E_g。

　　波长为 λ 的光的光子能量 E_{ph} 可以表示为:

$$E_{ph} = \frac{h \cdot c}{\lambda} \tag{1.1}$$

式中,h 是普朗克常数(6.626×10^{-34} J·s);c 是光速(3×10^8 m/s);λ 是光的波长(m)。

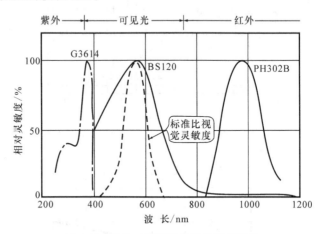

图 1.7 光敏二极管的分光灵敏度特性

当 $E_{ph} > E_g$ 时,产生光电流;当 $E_{ph} < E_g$ 时,没有光电流产生。当光敏二极管的材料为 Si(硅)的时候,$E_g = 1.1$eV,从式(1.1)可知,该光敏二极管对于波长 $\lambda > 1100$nm 的光照射没有感知灵敏度。光敏二极管的波长感知灵敏度特性如图1.8所示。

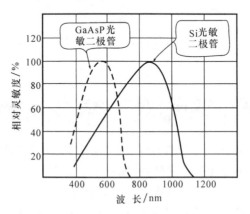

图 1.8 Si 光敏二极管与 GaAsP 光敏二极管的分光灵敏度特性

图 1.7 中的 BS120 与 PH302B 所用的材料都是 Si,所以它们本身的特性都应当如图 1.8 所示;然而由于它们各自对应的用途不同,而配置了不同的滤光片,BS120 配置的是视觉校正滤光片,

PH302B 配置的是遮挡可见光的滤光片,于是它们就有了图 1.7 所示的不同的特性。

与 Si 材料相比,GaAsP 的禁带宽度 E_g 更大一些,因此用 GaAsP 制作而成的光敏二极管的分光灵敏度会往波长更短的方向移动。有关这一点,从图 1.8 中可以看得比较清楚。不过,通过改变 GaAsP 中 GaAs 与 GaP 结晶比的方法,可以改变 E_g 的大小。

图 1.7 中的 G3614 就是用 GaAsP 制作而成的,它在紫外线领域具有灵敏度,因此可以用作紫外线的检测。

9 比视觉灵敏度表示人类视觉分光灵敏度特性

在光强度的测量方法中,有辐射测量法与测光法两种不同的方法。辐射测量法指的是对于光谱范围内的整个波长,包括紫外线、可见光和红外线,全部进行测量。测光法测量的仅仅是可见光。

而要将物理辐射量转换为表示人的眼睛所感知的明暗程度的测光量时,需要引入一个比视觉灵敏度的概念。所谓比视觉灵敏度,表示的是人类眼睛的分光灵敏度特性。在图 1.7 中,用虚线补充的就是光敏二极管 BS120 的标准比视觉灵敏度特性。

例如,在测量照度的时候,可以将照度置换为人们感觉到了多大程度明亮感的数值,因此被纳入了比视觉灵敏度之中。为此,就像图 1.7 那样,用于照度测量的光敏二极管 BS120,其分光灵敏度特性就制作得尽可能地与比视觉灵敏度相吻合。

短路电流的表示方法亦如表 1.1 所示,与照度相对应,约为 $0.16\mu A/100lx$。

但是,用于紫外线检测的光敏二极管 G3614 可以检测出人眼看不见的光线,因此表示为无法用比视觉灵敏度表示的辐射强度。从表 1.1 可以看出,光敏二极管 G3614 的辐射强度检测灵敏度为 60mA/W。

10 将光敏传感器与发光器件组合时的注意点

在红外遥控器中发光器件是与感光器件配对使用的。通常,使用发光二极管(LED)作为发光器件,而且尤其重要的是其发光特性应当与作为感光器件的光敏二极管相匹配。

图 1.9 给出的是与各种发光器件的波长相对应的检测能力。从中可以找到与光敏二极管 PH302B 相对应的发光二极管。从表1.1 可以查到,光敏二极管 PH302B 的峰值波长位于 940nm;对照图 1.9 可以了解到,适合与之配套使用的发光二极管是 GaAs 红外发光二极管。

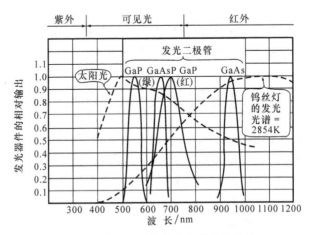

图 1.9 发光二极管的分光灵敏度特性

11 当传感器的信号小时,使用低噪声电缆

在放大由传感器输出的微弱信号的时候,通常都使用电流-电压变换电路。在传感器与放大器之间,最好以最短的距离进行连线。但是,这个距离随着应用场合的不同,其长短也不一样。有时候二者之间相距可长达几米以上。经验告诉我们,在这种场合下,人们比较容易产生误操作,甚至周围有汽车通过时也会干扰测量的数值。这是因为振动会造成电缆的左右摇摆,摩擦会产生电荷,频谱很宽的汽车发动机电火花也会对电缆产生感应,这些都将形成噪声电流。

用于减小这种噪声电流的方法就是使用低噪声电缆。这种低噪声电缆的特点是在外绝缘层与内绝缘层之间有一层半导体夹层。表 1.2 给出了低噪声电缆的技术指标。与普通的同轴电缆相比,它引入的噪声可以降低到普通同轴电缆的 1/10～1/100。

表 1.2　低噪声同轴电缆的技术指标（润工社）

型　号	噪声电荷[1] /pC	分布电容/ (pF/m)	特性阻抗/Ω	外径/mm
DFL005		130	45	1.2
DFL010		85	60	1.5
DFL011	2 (max)	85	60	1.5
DFL020		85	60	2.0
DFL021		85	60	2.1
DFL030		75	70	2.3
DTL020		110	55	2.0
DTL030		80	70	2.3

1）施加振幅为 5mm、频率为 $f=20$Hz 的振动时，电缆内产生的噪声电荷量。

照片 1.9 给出的是低噪声同轴电缆的内部结构及外观形貌。

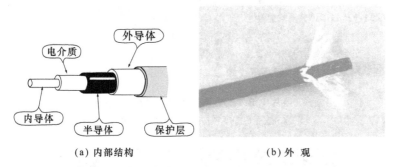

（a）内部结构　　　　　　　　　　（b）外　观

照片 1.9　低噪声同轴电缆的内部结构及外观形貌

专栏

光敏传感器的配件

在设计与制作光敏传感器的时候，无论如何都少不了一些光学配件。对于一些比较简单的光学配件，从光敏传感器生产厂家也可以买到。但是，像透镜、反射镜、滤光片以及偏光板等特殊的配件，则需要从专门的生产厂家购入。专门生产厂家生产的光学配件种类繁多，也可以进行专门的定做。如果是在本实验所使用的配件的场合下，整套配件还是比较容易凑齐的。

实验所使用的配件有透镜、反射镜、棱镜、光学窗口、滤光片、偏光板、波长板，投光器、照明器材。

另外，像透镜这样的光学配件，如果一个一个地去找，相当麻烦；不过，如果是把多个配件配套购买，将会方便得多。

照片 1.A～照片 1.C 介绍的是市场上出售的光敏传感器的配件。

照片 1. A 用于光电器件的
光学投射接受附件 LE-102/LE102-1
（Sakai Glass Engineering Co.,Ltd.）

照片 1. B 光学透镜工具箱 TS -30 型
（Sakai Glass Engineering Co.,Ltd.）

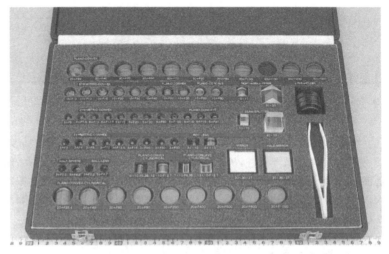

照片 1. C 光学透镜工具箱（TS -30 型）的内部

12 使用电阻器的电流-电压变换电路

将光敏二极管输出的电流变换为电压的电路叫做电流-电压变换电路。图 1.10 给出了使用电阻器的电流-电压变换电路。

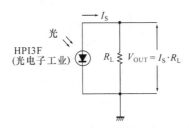

图 1.10 使用电阻器的电流-电压变换电路
（光敏二极管的应用范例）

在光敏传感器的输出电流为 I_S，负载电阻为 R_L 的情况下，输出电压 V_{OUT} 则为：

$$V_{OUT} = I_S \cdot R_L \qquad\qquad (1.2)$$

这种电路的优点在于结构简单，缺点是不能取得大的动态范围。

图 1.11 示出的是光敏二极管的负载特性。当 $R_L = 1k\Omega$ 的时候，具有高达 1000lx 的动态范围；而当 $R_L = 10k\Omega$ 的时候，动态范围就变为了仅有 400lx。这是由于在光电流的作用下，光敏二极管的偏置电压有可能由负变为正。如前所述，光敏二极管的构造实质上就是一个 PN 结二极管结构，因此当偏置电压处于正偏压时，其输出电压就完全被该正向偏置电压所左右（在图 1.11 中为 0.3～0.4V），而不能正确地反映光的特征了。

可以看出，如果加大负载电阻 R_L 的值，输出电压就会增大；然而，这时候即使较小的光电流都会使输出电压达到饱和。如果需要大的输出电压与宽的动态范围，那么就可以采用对光敏二极管施加反向偏置电压的方法得以解决。从图 1.11 可以了解到，通过施加反向偏置电压的方法，尽管只有 -0.5V，动态范围就可以得到明显的扩展。

而且，在施加反向偏置电压的时候，PN 结的结电容也会减小，所以也就更有利于高速响应。通常，光敏二极管的响应时间 t 可以表示为：

$$t = 2.2C_T \cdot R_L \qquad\qquad (1.3)$$

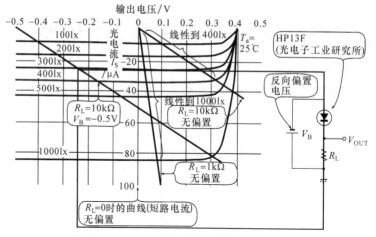

图 1.11 光敏二极管 HP13F（（株）光电子工业研究所）
的负载特性与动态范围

在使用 PIN 型光敏二极管的高速响应电路中，如图 1.12 所示，需要采用 50Ω 的负载电阻，以实现信号与传输电缆之间的阻抗匹配。

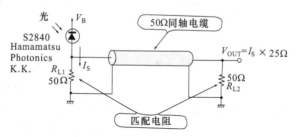

图 1.12 使用高速 PIN 型光敏二极管的测量电路

13 使用运算放大器的电流-电压变换电路

图 1.13 给出的是使用运算放大器的电流-电压变换电路。这种电路有时候也被称为互阻抗电路。在这种电路中，由于运算放大器的输入电压为 0V，因此光敏二极管是在引出线间电压为 0V 的条件下工作的。这时候，光敏传感器中流过的是短路电流（即图 1.11 中的 $R_L＝0$ 的一条直线），在短路电流与入射光强度之间可以获得非常好的直线关系。

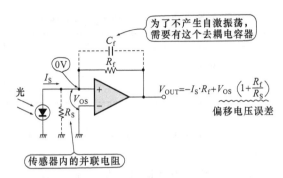

图 1.13　使用运算放大器的电流-电压变换电路

该电路的输出电压 V_{OUT} 则为：

$$V_{OUT} = -I_s \cdot R_f \tag{1.4}$$

在这种电路中,通常反馈电阻 R_f 都选取相当高的数值,所以如果光敏二极管的极间分布电容量 C_s 比较大,运算放大器就非常容易产生自激振荡。在这种情况下,为了避免这种自激振荡,必须连接上一个去耦电容器 C_f。C_f 的大小虽说是随着极间分布电容 C_s 和反馈电阻 R_f 以及运算放大器的不同而不同,但是大致上都先选用一个与 C_s 相同大小的数值。

图 1.14 给出的是用运算放大器制作的电流-电压变换电路用于照度计的一个例子。该例子中所使用的光敏二极管是 BS500B 型的,其技术指标示于表 1.3。

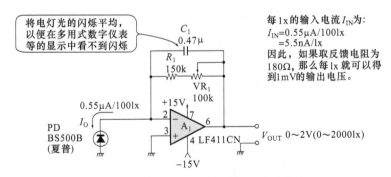

图 1.14　用于光敏二极管的放大器的设计

该光敏二极管的输出电流高达 5.5nA/lx,因此作为运算放大器,可以选用通用的场效应晶体管输入型运算放大器。另外,为了避免电灯光闪烁效应的影响,接入了一个 $C_1 = 0.47\mu\text{F}$ 的电容器。同时,由于电容器 C_1 的接入,即使光敏二极管的极间分布电容量高达 1000pF,也大可不必顾虑会产生自激振荡。

表 1.3 光敏二极管 BS500B(夏普(株))的特性

短路电流 /μA	暗电流 ($V_R=1V$) /pA	有效面积 /mm²	峰值波长 /nm	极间电容 ($V_R=0V$) /pF	结　构	生产厂商
0.55/100lx	10(max)	5.34	560$^{+80}_{-80}$	600/1000(max)	Si,平面型	夏普

　　它的暗电流在反向电压为 1V 时,最大值仅有 10pA,显然不会产生任何问题。

　　在暗电流比较大的光敏二极管的场合下,如图 1.15 所示,因为其内部并联电阻小,如果反馈电阻值比较高,偏移电压就会被放大。所以,选用运算放大器的时候,应当选择那些偏移电压小、偏移电压温度漂移小的运算放大器。要想获得 100pA 的分辨率,最好选用表 1.4 所示的低偏置电流的高精度运算放大器(不过,这时候其频率特性会不好)。

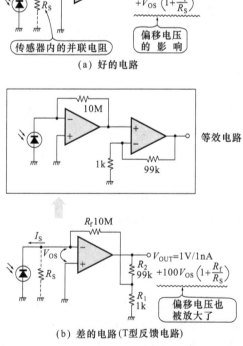

(a) 好的电路

等效电路

(b) 差的电路(T型反馈电路)

图 1.15 T型反馈电路在非需要高速的场合不使用

表 1.4 低输入偏置电流高精度运算放大器的技术指标

型号	电路数	输入偏移电压/mV		温度漂移/(μV/℃)		低输入偏置电流/A		开环增益/dB		工作电压	工作电流	生产厂家	0.1Hz噪声
		典型	最大	典型	最大	典型	最大	典型	最大	V	mA		(μV_{P-P})
AD705J	1	0.03	0.09	0.2	1.2	0.06n	0.15n	126	110	±2~18	0.38	AD	0.5
OP97F	1	0.03	0.075	0.3	2	0.03n	0.15n	120	106	±2~20	0.4	AD	0.5
LT1012D	1	0.012	0.06	0.3	1.7	0.08n	0.3n	126	106	±1.2~20	0.4	LT	0.5
LT1112C	2	0.025	0.075	0.3	0.75	0.08n	0.28n	134	118	±1~20	0.7	LT	0.3
LT1881	2	0.03	0.08	0.3	0.8	0.15n	0.5n	124	114	2.7~36	1.3	LT	0.5
LT1884	2	0.03	0.08	0.3	0.8	0.15n	0.9n	124	114	2.7~36	1.3	LT	0.4

注：AD：Analog Devices 公司；LT：Linear Technology 公司

在电流-电压变换电路中,如图 1.13 所示,需要有高电阻值的反馈电阻器。高电阻值电阻器的技术指标如表 1.5 所示。然而,高电阻值的电阻器价格比较贵。为了避免使用高价的高电阻值电阻器,常常会见到有人使用图 1.15 所示的 T 型反馈电路。但是,这种 T 型反馈电路,在传感器电路的场合下最好不要使用。这是因为在 T 型反馈电路中,为了将所使用的低电阻值变换为高电阻值,而具有较大的电压放大倍数。例如,将图 1.15（a）与图 1.15（b）进行比较,它们的电流灵敏度都是 1V/1nA。不过,在图 1.15（b）中就好像在其后一级增加了一个 100 倍的放大器,运算放大器的偏移电压也就被放大了 100 倍。为此,最好还是使用像图 1.15（a）那样的高电阻值的反馈电阻器进行放大。

表 1.5 高阻值电阻器的技术指标

型 号	阻值范围/MΩ	温度系数/(ppm[1]/℃)	阻值精度/%	生产厂家
TH60	1.1~10	100/200	1~5	Taisei.ohm
GS1/4	0.5~100	100/200	1~5	多摩电气工业
HM1/4	0.5~4000	300~800	1~5	理研电具制造
RH1/4HV	0.01~1000	25~200	0.1~10	Japan Hydrazine Company INC.
RNX1/4	1k~100	200	0.1~10	Japan Vishay

1) 1ppm 等于百万分之一。

如果要将分辨率提高到 1pA 以下,运算放大器的价格就会急剧升高。这时候,如果使用 CMOS 型通用运算放大器,就可以使成本降低下来。表 1.6 给出了 CMOS 型通用运算放大器的技术指标。由于是通用型运算放大器,偏移电压就会比较大,偏移电压的温度漂移度最好限制在 $1\mu V/℃$ 以下。而且,由于是 CMOS 结构,因此输入偏置电流非常小,作为 LPC662 II 的标称值竟然小到了惊人的 40fA。

表 1.6 可用作电压-电流变换电路的 CMOS 运算放大器技术指标(双放大器型)

	偏移电压 /mV	偏移电压 温漂/$\mu V/℃$	输入偏置 电流/pA	开环增益 /dB	转换速率 /(V/μs)	GB 的乘积 /kHz
TLC27L2[1)	10(max)	1.1	0.6	106	0.04	85
LPC6621I[2)	6(max)	1.3	0.04	114	0.11	350

注:生产厂家:1)Texas Instruments 公司,2)National Semicondutor 公司

专栏

易于将传感器冷却的珀耳帖微型组件

如果想将光敏传感器的性能发挥到极限,无论如何都需要将光敏传感器进行冷却,只有这样其最优异的性能才能够体现出来。如果是只需要冷却到 $-100℃$ 的话,那么使用由珀耳帖微型组件构成的电子冷却器是非常方便的。只要连接上电源,就可以很简便地使用了。不过,需要做的辅助工作是内部要抽成真空,而且需要除霜。

珀耳帖微型组件是利用珀耳帖效应的电子式冷却元件。所谓珀耳帖效应,就是指将两种半导体材料的两端分别连接起来,并使电流流经其中,这时候这两对接点中就有一个会发热,另一个会变冷的一种现象。

利用其发热接点也可以作为加热元件使用。珀耳帖微型组件的传统用途是制作成恒温槽,用于热电偶的冷端补偿等方面。当然,它也可以作为冷却器使用,在这里我们就是将它用作传感器的冷却器使用的。

珀耳帖微型组件的大小,有几毫米见方的小型元件,也有几十毫米见方的大型元件。

为了使珀耳帖微型组件具有良好的冷却效率,需要进行恰如其分的热设计,还需要带有散热器和电风扇等配件。带有电风扇的珀耳帖微型组件作为电子冷却器,在市面上就可以买到。通过将珀耳帖微型组件多级串联的方法,可以获得用 1 级珀耳帖微型组件得不到的大温差。这种多级珀耳帖微型组件串联的方法,由于是在大面积的珀耳帖微型组件表面上堆积上小面积的珀耳帖微型组件,因此冷却面积会逐渐减小,通过这种方法可以获得 100℃ 的温差。

照片 1. D 至照片 1. G 是珀耳帖微型组件的外观形貌。

照片 1. D 珀耳帖微型组件(Fujitaka Co.,Ldt.)

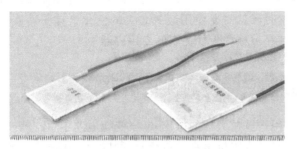

照片 1.E 高性能的珀耳帖组件 Fujitaka Co.,Ldt.)

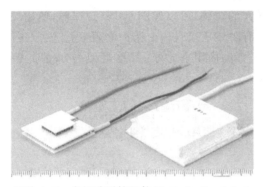

照片 1.F 多级珀耳帖组件（Fujitaka Co.,Ldt.)

照片 1.G 珀耳帖冷却机组（FEC-1810FP,Fujitaka Co.,Ldt.)

当需要冷却到 −100℃ 以下的温度时,珀耳帖微型组件就无能为力了,这时候就需要使用液氮之类的液化气体了。液氮在使用时,应当装在被称之为杜瓦瓶的专用容器中。

在使用运算放大器的电流-电压变换电路中,由于与运算放大器串联的是输入阻抗很高的传感器,所以为了不损害运算放大器,必须有保护电路。

当信号大的时候,可以像图 1.16(a)那样,使用二极管构成的保护电路。有时候还接入一个保护电阻 R_P。该方法简单可行;但是,由于二极管的内阻非常小,几乎近似为 0,因此偏移电压也一起被放大了。

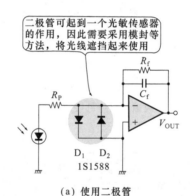

（a）使用二极管

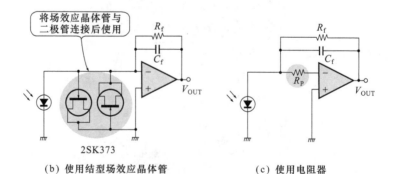

（b）使用结型场效应晶体管　　（c）使用电阻器

图 1.16　电流放大器的保护电路

图 1.17 是关于通用型二极管 1S1588 的内阻在偏置电压的影响下如何变化的实验结果。在 1V 以上的偏置电压时大小为 1GΩ

的内阻,在 0V 附近就变成了仅有 40MΩ。这时,假设反馈电阻 R_f ＝1GΩ,那么电压的放大倍数就是 1GΩ/40MΩ＝250 倍。这就是说,运算放大器的偏移电压也被放大了 250 倍,并出现在输出信号中。

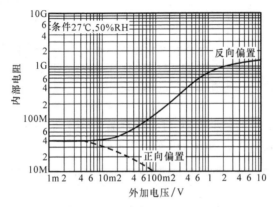

图 1.17 二极管 1S1588 的内阻随偏置电压而变化的实验结果

1S1588 的技术指标示于表 1.7。因为 30V 时的最大漏电流为 $0.5\mu A$,这时的内阻仅为 $30V/0.5\mu A＝60MΩ$,所以这时候可以使用电阻值比较低的反馈电阻器,如选用 10～100MΩ 以下的反馈电阻器。

表 1.7 小信号二极管 1S1588((株)东芝)的技术指标

反向耐压	30V(max)
反向电流	$0.5\mu A(max)(V_R＝30V)$
极间电容	$3pF(max)(V_R＝0)$
正向电压	$1.3V(max)(I_F＝100mA)$
平均整流电流	120mA(max)

另外,由于普通二极管也对光线敏感,因此在某些场合下需要能够将光线遮挡住。

在信号比较小的情况下,可以像图 1.16(b)那样,将结型场应晶体管与二极管连接起来(两个结型场效应晶体管的源与漏相互连接起来)使用。表 1.8 是结型场效应晶体管 2SK373GR 的特性数据,当外加电压为 80V 的时候,漏电流最大值有 1nA,所以这时候的内阻为 80V/1nA＝80GΩ。这个数值为 1S1588 的 1000 倍以上。而且由于处于塑模之中,因此与普通二极管相比,对光的反应相当迟钝。不过,它并非对光照毫无感应,所以在某些使用场合下仍然需要遮挡住光线。

表1.8 结型场效应晶体管 2SK373GR 的特性

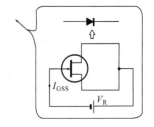

栅极断路电流	1nA(V_R=80V)
栅-漏间击穿电压	$-100V$(min)
正向导纳	4.6mS
输入电容	13pF
反馈电容	3pF

如果信号进一步减小,对于针对漏电流分选的场效应晶体管,可以使用表1.9所示的微微安培二极管。

表1.9 皮安[培]二极管(Siliconix Co.,Ltd.)的特性

特 性	测试条件		最小值	典型值	最大值	单 位
I_R 反向漏电流	$V_R=-20V$	PAD1			-1	pA
		PAD2			-2	
		PAD5			-5	
		PAD10			-10	
		PAD20			-20	
		PAD50			-50	
		PAD100			-100	
BV_R 击穿电压	$I_R=-1\mu A$	PAD1,2,5	-45		-120	V
		PAD10,20,50	-35			
V_F 正向电压	$I_F=5mA$	PAD1,2,5,10,20,50,100		0.8	1.5	
C_R 电容量	$V_R=-5V$ $f=1MHz$	PAD1,2,5			0.8	pF
		PAD10,20,50			2	

当频带的带域比较低或者信号电平比较大的时候,可以像图1.16(c)那样,在对电流-电压变换电路进行保护时,只要接上一个电阻器 R_P 就行了,成本最低。R_P 的电阻值如果选为 $100k\Omega$,那么就几乎在任何场合下都可以满足要求。

专栏

<h1 align="center">充电放大器</h1>

在输出信号为电荷的传感器之中,有加速度传感器和热释电传感器等。

如果把电荷的时间微分看作电流,那么,对于它的处理方式就可以与电流放大器(电流-电压变换电路)一样,只不过是充电放大器所处理的信号更为微弱罢了。

(1)使用电阻器的电荷-电压变换电路

图1.A(a)给出的是使用电阻器的电荷-电压变换电路。当传感器的输出电荷为 Q_S,传感器的内部电容量为 C_S 的时候,该电路的输出电压 V_{OUT} 可以用公式(1.A)表示:

$$V_{OUT} = \frac{Q_S}{C_S} \tag{1.A}$$

负载电阻 R_L 的大小决定着旁路滤波器的截止频率 f_H。

$$f_H = \frac{1}{2\pi \cdot C_S \cdot R_L} \tag{1.B}$$

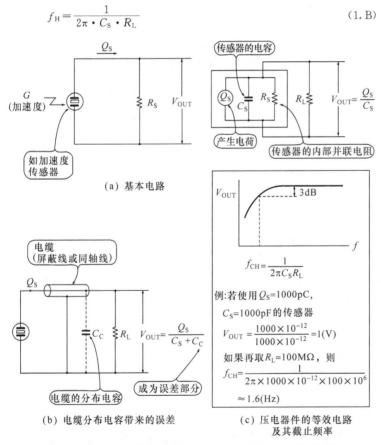

(a)基本电路

(b)电缆分布电容带来的误差

(c)压电器件的等效电路及其截止频率

图1.A 简单的电荷-电压变换电路(加速度传感器的实例)

如果希望能够获得在更低频率下的灵敏度,最重要的一点就是必须选择合适的负载电阻器 R_L。

该电路简单可行。其输出电压取决于传感器的电容量 C_S,而该电容量却又不是一个固定的数值。如果像图 1.A(b)那样,在传感器与电荷-电压变换电路之间的连接是靠电缆连接的情况下,V_{OUT} 可以表示为:

$$V_{OUT} = \frac{Q_S}{C_S + C_C} \tag{1.C}$$

电缆的电容量 C_C 构成了一个测量误差。

为了克服上述不必要的麻烦,厂商开发了一种传感器与场效应晶体管直接组合起来的组合器件,目前市面上已有出售。其原理如图 1.B 所示。特别是在红外传感器的情况下,传感器的内部电容量 C_S 比较小,然而截止频率 f_H 又必须做得非常小,要达到 0.1Hz 以下,其负载电阻器 R_L 必须是一个 10GΩ 的高阻值电阻器。为此,市面上出售的几乎所有的传感器都直接将场效应晶体管(当然还有高阻值电阻器)封装在了传感器的外壳内。

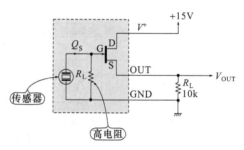

图 1.B 内部带有场效应晶体管的传感器
(热释电型红外传感器等)

(2) 使用运算放大器的电荷-电压变换电路

使用运算放大器的电荷-电压变换电路叫做充电放大器,或者叫做电荷放大器。从图 1.C 的基本电路可以看出,这种电路实质上就是一个积分器。该电路的输出电压 V_{OUT} 由式(1.D)给出。

$$V_{OUT} = -\frac{Q_S}{C_f} \tag{1.D}$$

由于 C_f 是反馈电容器,所以应当选用精度高的电容器。为此,将该电路与强烈依赖传感器内部电容量的图 1.C(a)相比,它应当能够获得高出许多的输出精度。

因为在充电放大器中,仅仅靠一个反馈电容器就可以构成一个积分器,所以需要有一个用于稳定直流成分的电阻器 R_f。当然,在接上电阻器 R_f 后,就会像图 1.A(c)那样,截止频率就变成了 f_{CH},则

$$f_{CH} = \frac{1}{2\pi \cdot C_f \cdot R_f} \tag{1.E}$$

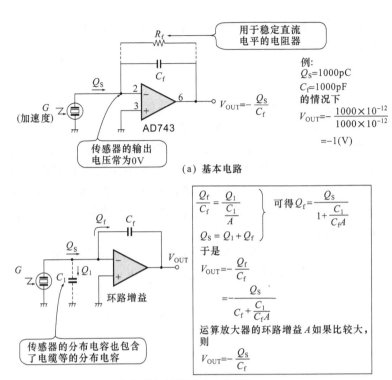

（a）基本电路

（b）考虑到传感器的分布电容以后……

图 1.C 使用运算放大器的电荷-电压变换电路（电荷放大器）

15 低噪声的电荷-电压变换电路

电荷-电压变换电路，又被称为电荷放大器，或者充电放大器，其输出的是与传感器产生的电荷成比例的电压。图 1.18（a）示出的是电荷放大器的基本电路。

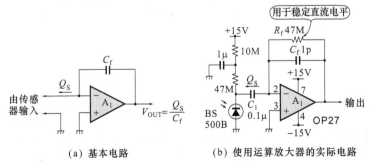

（a）基本电路 （b）使用运算放大器的实际电路

图 1.18 电荷放大器电路

假设传感器产生的电荷为 $Q_s C$,那么该电路输出的电压 V_{OUT} 则可以表示为:

$$V_{OUT} = \frac{Q_s}{C_f} \tag{1.5}$$

由于传感器产生的电荷数量与入射光的能量成正比,因此也可以用充电放大器进行入射光的能量分析。

图 1.18(b)是充电放大器电路的一个例子。反馈电阻器 R_f 用于稳定直流成分;如果没有该电阻器,整个电路就变成了积分电路,输出就会变得饱和。运算放大器必须选用低噪声的放大器,可以使用 OP27 型运算放大器。这时候,由于采用的是双极性输入,因此反馈电阻器 R_f 的阻值不能太大。

一般情况下,放大器的初级采用低噪声的场效应晶体管。图 1.19 给出的是使用低噪声场效应晶体管 2SK147 的充电放大器。由于运算放大器的反向引出端被设定为 +4.5V,运算放大器如果能够正常工作,则其正输入端(也就是场效应晶体管的漏极)电压也为 +4.5V。

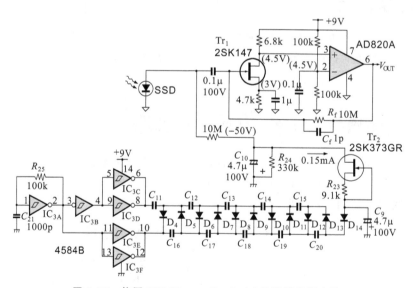

图 1.19 使用 SSD(Reytec Co.,Ltd.)的射线检测电路

2SK147 的输入噪声为 $0.7nV/\sqrt{Hz}$($I_{DSS} = 10mA$),这种噪声对于正常的信号而言是无益的。于是,将漏极电流设定为(9V − 4.5V)/6.8kΩ=0.7mA。

由于这时候场效应晶体管的互导 g_m 约为 10mS(西[门子]),

场效应晶体管的放大倍数为 6.8kΩ×10mS＝68 倍。因为在场效应晶体管的第一级放大获得了 68 倍的放大倍数，那么在第二级的运算放大器就不要求是低噪声的了。

从公式(1.5)可以看出，用作反馈的电容器 C_f 是一个决定着传感器灵敏度的重要部件，必须是一个稳定的元件，通常可以使用温度稳定性良好的温度补偿型陶瓷电容器或者云母电容器。表1.10 示出的是温度补偿型陶瓷电容器的技术指标。

表 1.10　温度补偿型陶瓷电容器技术指标

	耐压/V	电容量/pF	特　性	生产厂家	尺寸[1]	误差/%
RBU 系列	50	1～330	CH（±60ppm/℃）	太阳诱电	$\phi=4\sim13mm$	±5%，±10%
RCC 系列	500				$\phi=5\sim17mm$	
HE 系列	50	1～2000	CH（±60ppm/℃）	KCC	$\phi=4\sim12mm$	±5%，±10%
	500	1～430			$\phi=6\sim19mm$	
	1000	1～390			$\phi=6\sim21mm$	
	2000	1～200			$\phi=8\sim23mm$	
	3000	1～150			$\phi=10\sim23mm$	
VJ 系列	50/63	1～33000	CG（±30ppm/℃）	Japan Vishay	片式 1.6×0.8 ～5.7×5.0	±5%，±2%，±5%，±10%
	100	1～15000				
	200	1～10000				
	500	1～4700				

1) ϕ:直径。

从图 1.20 的光敏传感器等效电路可以看出，光敏二极管必然存在着结电容（极间分布电容），为了减小该分布电容，通常都对光敏二极管施加反向偏置电压。在这里，反向偏置电压的大小为−50V，它是由＋9V 的电源电压经过倍压整流（科克罗夫特-沃尔顿）电路提供的。

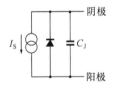

图 1.20　光敏传感器的等效电路

16　用于光敏传感器的偏置电压电路制作方法

光敏传感器和辐射传感器需要有几十至几百伏的直流偏置电压。这是因为通过这种反向偏置电压的施加，传感器的极间电容量将会减小,其结果将有利于提高传感器的响应速度或者改善传感器的信噪比。传感器的偏置电压虽然可以由专门的供电器提供,但是如果可能的话,还是由运算放大器的电源提供为好。

值得庆幸的是,传感器的内阻都比较高,几乎没有电流从中流过,这就为一套运算放大器使用的电源同时兼顾光敏传感器的偏置电压提供成为可能。一般情况下,只要给它提供 0.1mA 的电流也就够了。

图 1.21 示出了提供偏置电压的电路。从 ±12V 的电压很简单地就可以得到 100V 左右的电压。这是一个利用科克罗夫特-沃尔顿电路(Cock croft-Walton circuit)制作的直流-直流变换电路,它是由电容器 $C_1 \sim C_{10}$ 以及二极管 $D_1 \sim D_{10}$ 构成。利用该电路可以得到 5 倍于输入电压的电压。

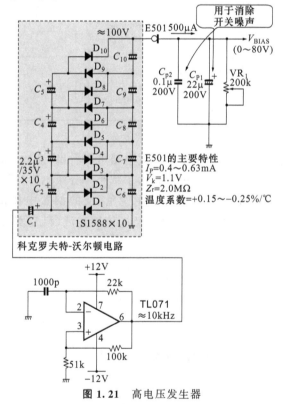

图 1.21 高电压发生器

科克罗夫特-沃尔顿电路的输入电压,由运算放大器 TL071 构成的振荡电路(10kHz)提供。在电源电压为 ±12V 的条件下,运算放大器的输出电压大约为 $20V_{P\text{-}P}$。其结果为输出电压就变成了 $5 \times 20V = 100V$。为了能够获得满足需要的电压,使用了恒电

流二极管。图 1.22 给出了恒电流二极管的电压-电流特性,表
1.11 给出了它的技术指标。

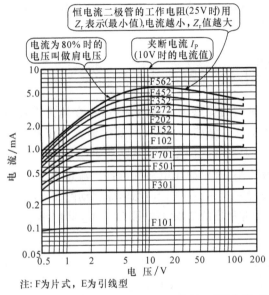

图 1.22 恒电流二极管的电流-电压特性(石塚电子(株))

表 1.11 恒电流二极管的技术指标

(a) 电学特性

型　号	I_r/mA	V_k/V	Z_r/MΩ	温度系数/(%/℃)
E101	0.05~0.21	0.5	6.0	+2.1~0.1
E301	0.2~0.42	0.8	4.0	+0.4~−0.2
E501	0.4~0.63	1.1	2.0	+0.15~−0.25
E701	0.6~0.92	1.4	1.0	0~−0.32
E102	0.88~1.32	1.7	0.65	−0.1~−0.37
E152	1.28~1.72	2.0	0.4	−0.13~−0.4
E202	1.68~2.32	2.3	0.25	−0.15~−0.42
E272	2.28~3.10	2.7	0.15	−0.18~−0.45
E352	3.0~4.1	3.2	0.1	−0.2~−0.47
E452	3.9~5.1	3.7	0.07	−0.22~−0.5
E562	5.0~6.5	4.5	0.04	−0.25~−0.53
E822	6.56~9.84	3.1	0.32	
E103	8.0~12.0	3.5	0.17	−0.25~−0.45
E123	9.6~14.4	3.8	0.08	
E153	12.0~18.0	4.3	0.03	

(b) 最大额定值

最高工作电压	额定功率	反向电流
100V	400mV	50mA

E501 是一个 500μA 的恒电流二极管,利用一个 200kΩ 的可变电阻器 VR₁,可以使电压在 0～100V 之间变动(在使用时为了留有余地,可以选取的范围是 0～80V)。接入电容器 C_{P1} 和 C_{P2} 的目的是为了消除开关噪声。

17 偏置电压的稳压电路

前面所讲到的提供偏置电压的电路,在输出电压的精度上还需要进一步提高。某些场合下,需要的偏置电压精度相当高。一般情况下,由于三端式稳压集成电路的耐压不高,而不能使用。因为输出电流较小,所以稳压电路的消耗电流也必须比较小。

图 1.23 是一个由 50μA 的电路电流驱动的高电压稳压电路。如果已经有一个非稳压的高压电源,那么利用这个电路就可以将其稳压。

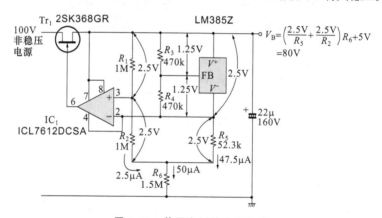

图 1.23 偏置电压的稳压电路

首先,可以使用低功率的 LM385Z(松下陶瓷避雷器公司制造)作为基准电源集成电路。LM385Z 的技术指标示于表 1.12。其特点是最小工作电流仅有 7μA。该数值是输出电压为 1.24V 时的电流;而如果像图 1.23 中那样,输出电压为 2.5V,那么工作电流则为 20μA 左右。

表 1.12 基准电源集成电路 LM385Z 的技术指标

基准电压	1.24V
温度系数	150ppm/℃(max)
电压可变范围	1.24～30V
最小工作电流	7μA($V_R=1.24V$)
反馈电流	16nA

R_1 和 R_2 各自上面的电压降都是 1.25V,R_3 和 R_4 各自上面的电压降都是 2.5V(运算放大器以这些数值来驱动晶体管 Tr_1)。其结果是 R_5 上面的电压降也变成了 2.5V。

于是,在 R_6 的内部就有(2.5V/R_2)+(2.5V/R_5)的电流流动,那么输出电压 V_B 为:

$$V_B = \left(\frac{2.5V}{R_2} + \frac{2.5V}{R_5}\right)R_6 + 5V \tag{1.6}$$

在图 1.23 中所示元器件参数的条件下,V_B=80V。

图 1.23 中,Tr_1 使用的是高耐压的 2SK368GR;如果可能的话,最好选用耐压稍微更高一些的器件。表 1.13 示出了 2SK368GR 的技术指标。

表 1.13 高耐压场效应晶体管 2SK368GR 的技术指标

栅–漏间电压	−100V
I_{DSS}	2.6～6.5mA
正向导纳	4.6mS
输入电容	13pF
反馈电容	3pF

该电路的要点是如何实现其低功率的目标。为此目的,运算放大器采用了 CMOS 型的 ICL7612D。ICL7612D 的技术指标示于表 1.14。这种运算放大器的电源电流是可以设定的,在该电路中将电源电流设定在了 10μA。

表 1.14 CMOS 运算放大器的特性 7612D 的技术指标

输入偏移电压/mV	偏移电压温漂/(μV/℃)	输入偏移电流/pA	同向输入电压范围/V	电源电流/μA
15(max)	25	1.0	±5.3 (V_S=±5)	10

当然,R_5 中就会流过 ICL7612D 和 LM385Z 的电路电流(30μA),因此 R_5 的功率应当设计为允许超过以上数值的电流(设计为 47.5μA)。

如此设计的结果,使得整个电路都在 50μA 的小电流条件下运作。

该电路大致上前面都讨论过了,现在又使用了低功率运算放大器与基准电源集成电路,以此可以使它在更小的电流下运作。

18 传感器信号小时,采用屏蔽或特氟隆绝缘端子更有效

当光敏传感器的电流为皮安(pA)数量级的时候,可以采用屏蔽技术。图 1.24 是一个电流-电压变换电路,如果在运算放大器的负输入端附近有一条+15V 的导线通过,由于这条导线而带来

的漏电流 L_{LEAK} 将会流过反馈电阻 R_F,由此将会带来误差。图 1.24 采用了屏蔽的方式将运算放大器的输入端保护了起来。这样做的结果使得 L_{LEAK} 不再流过运算放大器的输入端,而经由屏蔽外层流到了接地端。在印制电路板上设置屏蔽的方法,可以如图 1.24(b)所示,也就是用接地的图形将运算放大器的输入端包围起来。

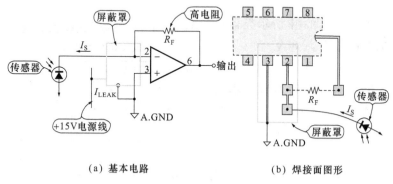

(a) 基本电路 (b) 焊接面图形

图 1.24 屏蔽的作用

还有比屏蔽更为稳妥的方法,那就是采用特氟隆绝缘导线。特氟隆是一种绝缘性能非常优良的绝缘材料。如图 1.25 所示,特氟隆绝缘引出端有两种不同的结构,它们分别是苜蓿叶形和针状绝缘子型。苜蓿叶形与针状绝缘子型相比,苜蓿叶形引出端需要在印制电路板上开出一个略微大一些的洞;而针状绝缘子型引出端则需要专用工具将其压入印制电路板。另外,由于印制电路板上有引出端焊接点,因此针状绝缘子型引出端可以利用焊接的方法固定在印制电路板上。由此可见,在将其安装到万能接线板上的情况下,选用针状绝缘子型引出端会更方便些。

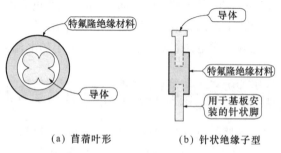

(a) 苜蓿叶形 (b) 针状绝缘子型

图 1.25 各种各样的特氟隆引出端

第 2 章
红外传感器

人们肉眼可以看得见的光线叫做可见光。可见光用波长表示,波长为 380～750nm 的光线。可见光的波长从短到长依次排序是紫光→蓝光→绿光→黄光→橙光→红光。波长比红光更长的光,叫做红外线,或者红外光、红外。红外线是人们无法用眼睛看得见的光线。

物体辐射出的红外线如图 2.1 所示,其波长随着温度的不同而不同,温度越高,辐射出的光的波长越短。根据这一点,可以使用红外传感器进行非接触式的温度测量。

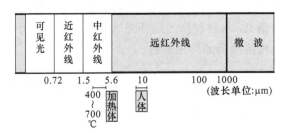

图 2.1 不同温度下的红外线辐射波长

红外传感器有以下两种功能。

① 利用因由入射光能量激励的电子而产生的电导率变化或者电动势的量子型红外传感器,包括光敏二极管和光敏电阻器等。

② 利用因基于黑体辐射的红外能量的吸收而产生的温度变化的加热型红外传感器,包括热释电型红外传感器和热电堆等。

其中,量子型红外传感器的灵敏度和响应速度都比较好;但是,它的灵敏度和响应速度都会受到光波波长的影响,而且有时候还需要对传感器进行冷却。加热型红外传感器与量子型红外传感器刚好相反,优点是不受波长的影响;缺点是灵敏度低、响应速度慢。

如此看来,目前还没有理想的红外传感器,因此在其各自具有优势的领域内,充分用其所长就显得十分重要。

红外传感器是一种应用特点鲜明的器件。利用热释电效应的红外传感器就是一个例子。所谓热释电效应就是由于温度的变化而产生电荷的一种现象。近年来,热释电型红外传感器在家庭自动化、保安系统以及节能领域的需求大幅度增加;相信今后会有更多的需求。在厕所里,人离开时的自动冲水系统就是红外传感器应用的一个例子。

19 可用于高精度测量的红外光敏二极管

在用于红外线的光敏二极管中,除了红外遥控器中使用的通用型红外二极管外,还有通常在测量中使用的高速响应型红外二极管和各种各样其他类型的红外二极管。用于 $1\mu m$ 以上波长领域的红外光敏二极管使用的材料是高灵敏度的 InGaAs、Ge、InAs 和 InSb 等半导体材料。还有常温工作型和冷却(工作)型等各种类型。冷却型红外光敏二极管可以进行高信噪比的测量。

另外,还有多波道分光用的红外光敏二极管阵列(线性图像传感器),其像素为 128 或者 256。

照片 2.1 是用 Si 材料制作的红外光敏二极管的外观形貌,照片 2.2 是用 Ge 材料制作的红外光敏二极管的外观形貌,照片 2.3 是线性图像传感器的外观形貌。

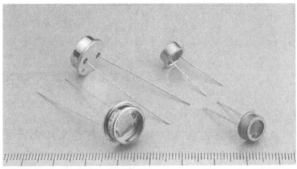

照片 2.1 Si 光敏二极管(Hamamatsu Photonics K. K.)

照片 2.2 Ge 光敏二极管(Hamamatsu Photonics K. K.)

照片 2.3　InGaAS 线性图像

传感器 G5842(Hamamatsu Photonics K.K.)

20 廉价易用的热释电型红外传感器

热释电型红外传感器在温度变化的时候会产生电荷,它是一种利用所谓热释电效应的传感器。由于温度不变化的时候,没有信号产生,因此它又被称之为微分型红外传感器。

图 2.2 所示的热释电型红外传感器,需要预先施加高电压进行极化后方可使用。经过如此极化后的热敏传感器表面积聚的正负电荷(这种现象叫做自发极化),就会俘获空气中的游离离子,变为图 2.3 中①的状态。这时候的热敏传感器表面处于中和状态,其输出信号为零。

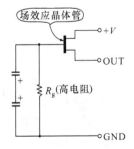

图 2.2　热释电型红外传感器的内部电路

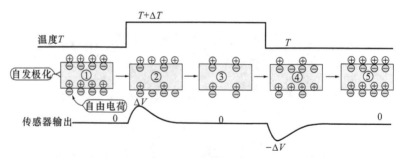

图 2.3 热释电型红外传感器的输出

在红外线的照射下,热释电型红外传感器的温度如果上升了 ΔT,那么就会如图 2.3②所示,传感器表面的极化程度也会发生与温度升高幅度 ΔT 相对应大小的变化。热释电型红外传感器由此而产生信号电压 ΔV。然而,随着时间的延长,传感器表面会重新吸附空气中的离子并相互抵消,由此而达到图 2.3③所示的中和状态。

当温度下降的时候,其自发极化如图 2.3④所示,将会出现上述过程的反过程。传感器的信号于是就变成了 $-\Delta V$。与上面同样的道理,随着时间的延长,传感器的表面会重新吸附空气中的离子,而使输出信号再次变为零。

最近除了改进热释电型红外传感器的材料($LiTaO_3$、PZT、$PbTiO_3$等)和结构之外,还为其配置了滤光片、菲涅耳透镜、多重反射镜等外围配件,使其能够实现更高信噪比的检测。

照片 2.4 和照片 2.5 是热释电型红外传感器的外观形貌。

照片 2.4 IP 系列热释电型红外传感器((株)堀场制作所)

照片 2.5 IRA-E 系列热释电型红外传感器((株)村田制作所)

21 采用热释电型红外传感器的人体检测微型组件

自然界中所有物体辐射的热能都与其自身的温度成正比。物体的温度越高,其辐射热能的峰值波长就越短。由温度为 $36\sim37℃$ 的人体辐射出来的热能是峰值为 $9\sim10\mu m$ 的红外线,因此可以用热释电型红外传感器检测人体的有无。

为了在检测人体有无的过程中避免太阳光和照明灯光等光线的影响,而对热释电型红外传感器附加上滤光片;同时,由于人体的移动比较缓慢,因此还需要带有高效率、能够聚焦的菲涅耳透镜等配件。这些配件有时候全都组装在了微型组件的内部。

照片 2.6 示出了热释电型红外传感器组件的外观形貌,照片 2.7 示出的是菲涅耳透镜。

照片 **2.6** IMD-B101-01 系列热释电型
红外传感器组件((株)村田制作所)

照片 **2.7** IMD-FL01W((株)村田制作所)

22 使用热电偶的热电堆

因为热释电型红外传感器是一种微分型的温度传感器,所以不适用于静止的物体（如果带有被称之为遮光器的、能够对光线不停地进行透射/遮挡转换的部件，就可以测量静止的物体了。现在，带有这种遮光器的产品在市面上也可以买得到）。

热电堆接受物体辐射来的能量时，被光照射部位的周围形成了热电势，就可以检测出感光部位的温度。热电偶能够检测出处于静止状态的物体的温度，其热电动势和热电偶一样，也与温差成正比，而且必须进行冷端温度补偿。传感器的冷端温度补偿结构有时候被封装在传感器封装外壳内部。可以对温度进行非接触性测量是这种传感器的最大优点。

照片2.8与照片2.9示出的是热电堆的外观形貌，照片2.10示出了黑体喷漆与黑色黏胶带的样子。在测量光泽金属等物体的表面时，因为这些物体辐射率低，根本就无法测量。但是，如果喷上这种黑体喷漆，就可以使光泽消失，辐射率接近于1，测量精度就会提高。

照片2.8 非接触型温度传感器组件
THI-10的传感器部分

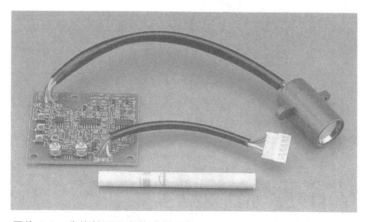

照片2.9 非接触型温度传感器组件THI-10（Tasco Japan Co.，Ltd.）

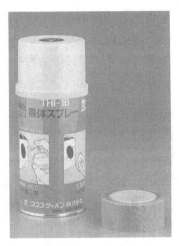

照片 2.10　黑体喷漆与黑体黏胶带

23 热释电型红外传感器的电压灵敏度

决定传感器输出电压大小的是表 2.1 所示的电压灵敏度。电

表 2.1　热释电型红外传感器的技术指标

型　号	受光面积 /mm	电压灵敏度[1] /(V/W)	响应波长 /μm	电源电压 /V	工作温度 /℃	生产 厂家	备　注
IRA-E100SZ1		1150	7~14				
SV1	2×1	1860	1~20		−25~	村田制作所	
S1	(两只)	1470	1~20	3~15	+55		
IRA-009S×1	1.75×1 (四芯线组)	1080	7~14				
P2288		1300	7~20				
−02	2×1	1500	5~20	3~15			
−03	(两只)	1500	2~20				
−04		1800	2~20			Hamamatsu Photonics K. K.	带透镜,检
P3514 −01	2×1 (两只)	450	7~20		−20~ +60		测距离大 约 3m 左右
P3782		1500	2~20				
−01	φ2	1300	7~20				视野较窄
−05		1500	5~20				
−06		1800	2~20				
IP220 IP222 IP240 IP242	2×1 (两只)	2200[2] (1700min)	7~14	3~15	−20~ +60	堀场制作所	滤除可见光 滤除可见光
IP260	特殊形状 (两只)						全方位检 测型

1) 500k,1Hz 条件下;2) 500k,0.5Hz 条件下。

压灵敏度指的是传感器输出的电压(V)除以入射的红外线功率(W)所得到的数值。因此,它的单位是 V/W。

电压灵敏度具有图 2.4 所示的频率特性,黑体炉温度与间断的频率是其测量的必备条件。

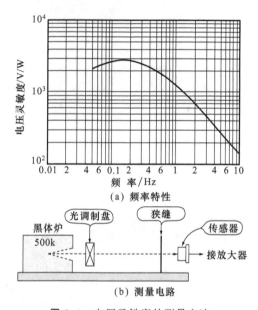

图 2.4 电压灵敏度的测量方法

24 ▶ 决定传感器用途的窗口材料

热释电型红外传感器基本上不受光波长的影响,因此当检测对象被限定时,就需要安装滤光片。这种滤光片被称作窗口材料。窗口材料还具有对传感器的保护功能。

图 2.5 给出了各种窗口材料的波长透射性,图 2.6 给出了红外辐射的强度特性。

从图 2.6 可以看到,由人体(体温 37℃)辐射出的红外能量在波长 10μm 附近变为最大值。因为来自太阳光和白炽灯等光源的杂散光波长在 4μm 以下,所以如果具有 6~15μm 的带通滤光片,将能够得到良好的信噪比特性。作为检测人体的窗口材料,一般说来最常用的就是 7μm 以上的带通滤光片。

以 Si 作为窗口材料的传感器,可以透射 1~20μm 的光线,可见光会被遮挡住,这些光线与 1μm 以上的杂散光相比将会被减弱。因此,随着杂散光具体情况的不同,有时候在其外部还需要有滤光片。

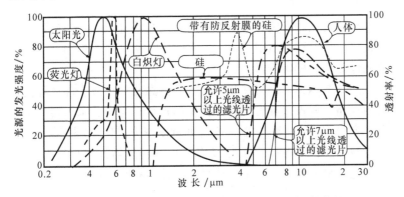

图 2.5　各种窗口材料的波长透射特性

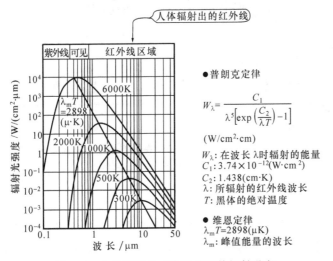

图 2.6　由普朗克公式求出的红外辐射强度

聚乙烯制作的窗口材料,对于滤光而言几乎不起什么作用,连可见光都可以轻易地透射过去。因此,与其说它是滤光片,不如说它是作为防护材料使用的。当需要避免刮风等外界因素的影响时,也可以使用容易到手的高透射率聚乙烯薄膜。

当将传感器作为检测火焰使用时,可以使用 $4.4\mu m$ 的带通滤光片。这是因为在有机物燃烧时,二氧化碳 CO_2 会产生以 $4.4\mu m$ 为中心的共振辐射。

25 用场效应晶体管实现热释电型红外传感器的输出缓冲

热释电型红外传感器所使用的材料是陶瓷,也就是绝缘材料,当直接使用时因为电阻值太高,不便使用,所以通常都内藏有场效应晶体管构成的缓冲器。

图2.7示出的是将热释电型红外传感器与场效应晶体管连接后的电路。假设热释电型红外传感器产生的电荷为Q_S,器件的分布电容为C_S,那么输出电压V_{OUT}就可以用公式(2.1)表示,这时电荷就被变换成了电压。Q_S和C_S都是由热释电器件的材料决定的,输出电压也就自然而然地由热释电器件的材料决定了。

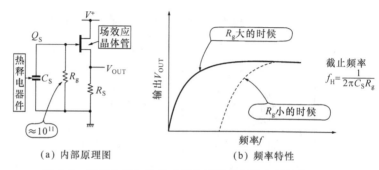

(a) 内部原理图　　　　(b) 频率特性

图2.7 热释电型红外传感器中需要有场效应晶体管缓冲器

$$V_{OUT} = \frac{Q_S}{C_S} \tag{2.1}$$

这里需要注意的是与热释器件并联连接的电阻器R_g的大小。该电阻器R_g与器件分布电容C_S构成了一个旁路滤波器,如图2.7(b)所示。该旁路滤波器截止频率f_H的大小可以用下式表示:

$$f_H = \frac{1}{2\pi \cdot C_S \cdot R_g} \tag{2.2}$$

在检测人体的情况下,人的移动速度为$0.1 \sim 10 \mathrm{Hz}$,f_H至少应当在$0.1 \mathrm{Hz}$以下。由于传感器分布电容C_S的电容量比较小,因此电阻器R_g无论如何都必须达到$10 \sim 100 \mathrm{G}\Omega$的大阻值。

从如此高的阻值上看,似乎是电阻器R_g可以完全不用。但是,如果真的不用电阻器R_g,场效应晶体管的电位就会不稳定,输出性能于是就会变差,输出大小变得飘忽不定;还有造成电路输出达到饱和的危险,一旦出现饱和,电路就无法工作了。综上所述,电阻器R_g不可不要。

场效应晶体管的源极电阻器 R_S，有时候被封装在传感器的外壳内部，有时候则必须放在封装外壳的外部。在把场效应晶体管的源极电阻器 R_S 放在封装外壳的外部的情况下，通常为几千欧至 $100k\Omega$，只要选择数据手册中登载的生产厂家的推荐值就没有问题。

26 将检测距离大幅度增加的透镜和反射镜是重要部件

在使用热释电型红外传感器检测人体辐射出的红外线的情况下，聚焦用的透镜和反射镜等是重要的光学部件。通过使用这些光学部件，可以更高效率地收集红外线，使检测距离大幅度地增加。

透镜和反射镜以前都必须自己制作；最近传感器制造商预先准备了标准件，使用起来非常方便。在制作透镜的时候，可以使用红外线透射率高的材料，如聚乙烯等材料。在反射镜的情况下，可以在凹面的反射镜表面上通过真空蒸发法，镀制高反射率的金和铝。

表2.2是菲涅耳透镜的例子。随着用途的不同，它具有从通用型到远距离使用、走廊里使用以及天花板使用等多种类型。一般情况下，菲涅耳透镜都是用聚乙烯制作而成的，由人体发射出来的红外线，穿过透镜，断断续续地入射到传感器上。透镜的面分割数，如表2.2中所示，从10到几十不等。通过使用聚焦透镜，可以将没有透镜时的1~2m的检测距离扩大到几十米之多。

表 2.2　菲涅耳透镜之一例（Hamamatsu Photonics K. K.）

型　号	用　途	面分割数	检测距离/m	尺　寸 /mm	光学部分尺寸 /mm
E4116-01	通用	24	12	64×52	52×40
E4116-02	长距离用	11	40	64×52	52×40
E4116-03	走廊用	11	12	64×52	52×40
E4116-04	天花板用	31	7 （高度为2.4m时）	64×52	$\phi37$

为了使人体检测装置制作起来更加简便，市面上出现了传感器与透镜一体化的热释电型红外传感器组件。表2.3给出了这种传感器组件的技术指标，它们的检测距离似乎多为5m左右。

表 2.3 内部有菲涅耳透镜的人体检测传感器组件

型 号	检测距离 /m	检测范围 /度	电源电压/V	输 出	生产厂家
IM 系列	5	90×52.5	3~5	集电极开 路	村田制作所
IM02	5	80×30	4.5~7	集电极开 路	堀场制作所

27 可减少误动作的双器件型传感器

在热释电型红外传感器中,从前都是使用一个传感器。最近为了减少杂散光等因素的影响,普遍采用图 2.8 所示的双器件型传感器。这种传感器具有下述优点:

① 具有两倍的灵敏度;

② 两个器件是反向连接的,因此同时射入的红外线会相互抵消,而没有信号输出。由此而增加了它对于外部杂散光、环境温度变化以及外部振动的稳定性。

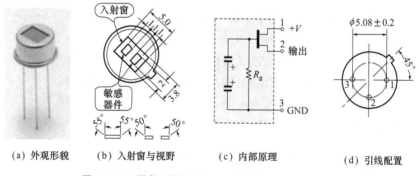

(a) 外观形貌　　(b) 入射窗与视野　　(c) 内部原理　　(d) 引线配置

图 2.8 双器件型热释电型红外传感器的外观形貌

除此之外,为了不受可见光的影响或者为了消除热释电型红外传感器的指向性等目的,可以针对不同的用途,而选择各种各样的传感器。

另外,就像前面所介绍的,由于热释电型红外传感器的输入阻抗极高,非常容易引入噪声,因此最好能够对它进行电学屏蔽。在采用金属封装的情况下,因为外壳接地,所以本身就可以作为屏蔽使用;而在塑料封装的情况下,则需要有另外的屏蔽方法。

28 在使用电阻器的电流-电压变换电路中,提高信噪比将会使频率特性变差

迄今为止所介绍的用于光敏传感器的电路频率都比较低,但是最近由红外激光二极管与 PIN 光敏二极管组成的通信系统中,已经使用到了超过吉赫的频率。在该通信系统中,无论如何,至少也应当能够工作到几兆赫至几百兆赫。在此,我们研究一下电流-电压变换电路的高速化问题。

图 2.9 是一个普通的电流-电压变换电路。其中,图 2.9(a)是使用电阻器的电流-电压变换电路,图 2.9(b)是使用运算放大器的电流-电压变换电路。使用运算放大器的电流-电压变换电路又叫做互阻抗电路。

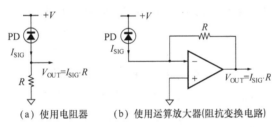

（a）使用电阻器　　　（b）使用运算放大器(阻抗变换电路)

图 2.9 用于光敏二极管的电流-电压变换电路

下面先考察一下图 2.9(a)电路的频率特性。该电路的输出电压可以用式(2.3)表示,即

$$V_{OUT} = I_{SIG} \cdot R \tag{2.3}$$

接下来,分析一下该电路的频率特性。图 2.10 表明,在光敏二极管中存在着极间分布电容 C_{PD}（该电容的电容量通常为几皮法）。光敏二极管上所加的反向电压越大,C_{PD} 越小。由于在光敏二极管的后面还连接有电路,因此电源电压一般都是供二者兼用。而且,电阻器 R 也有引线间的电容和导线分布电容,这些电容的大小约有几皮法。

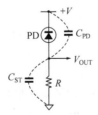

图 2.10 光敏二极管和电路中存在的分布电容

如果这些电容形成的总电容用 C_S 表示,那么－3dB 的频带宽度 f_C 则可以表示为:

$$f_C = \frac{1}{2\pi \cdot C_S \cdot R} \qquad (2.4)$$

假如 $R = 50\Omega$,$C_S = 5pF$,那么就可以得到 $f_C = 640MHz$。但是,千万不要过早地说"就算这个数值吧!"也许这个数值仅适合于信号电流比较大的时候。如果仍然取 $R = 50\Omega$,当 $I_{SIG} = 1mA$ 的时候,就会得到 $V_{OUT} = 50mV$ 的信号输出。现在就来看一看,信号电流小的时候又将如何。譬如说,我们考虑 $I_{SIG} = 10\mu A$ 时的情况。在 $R = 50\Omega$ 的时候,仅有 $V_{OUT} = 500\mu V$ 的信号输出。这时候如果仍然期望高的信噪比将是难以实现的。因此,要想改善信噪比,必须加大 R。

如果增大 $R = 100\Omega$,则 $V_{OUT} = 1V$,得到了比原来高达 2000 倍的输出电压。作为交换条件,频带宽度 f_C 也下降到了原来的$1/2000$,变成了 320kHz(如此大小的频带宽度也有许多好的应用)。

图 2.11 给出的是脉冲响应特性的测量结果(脉冲的重复频率为 30kHz)。图 2.11(b)是使用通用型运算放大器 MC34081 时的情形,图 2.11(c)是使用高速运算放大器 AD843 时的情形。从图中可以看出,使用这两种运算放大器其脉冲响应特性没有什么差别。这是由于如公式(2.4)所示,运算放大器的频率特性取决于它的输入信号。

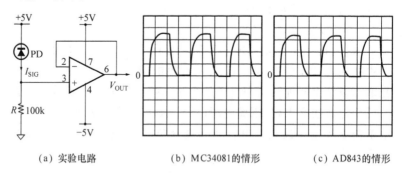

(a) 实验电路　　　　(b) MC34081的情形　　　(c) AD843的情形

图 2.11　使用电阻器的电流-电压变换器电路的脉冲响应特性

$(1V/格,10\mu S/格,I_{SIG} = 31.6\mu A)$

借此,在表 2.4 中给出了 MC34081 和 AD843 的技术指标。MC34081 是单位增益频率(开路放大倍数为 1 时的频率)为 8MHz 的运算放大器,AD843 是单位增益频率为 34MHz 的运算放大器。

表 2.4　MC34081 与 AD843 的技术指标

	输入偏移电压/mV	温漂/(μV/℃)	输入偏置电流/pA	噪声电压密度/(nV/$\sqrt{\text{Hz}}$)	f_T/MHz	转换速率/(V/μS)	工作电压/V	工作电流/mA	生产厂家
MC34081	0.5 (1.0max)	10	20	30 (1kHz)	8	25	±5 ~±22	±2.5	摩托罗拉
AD843J	1.0 (2.0max)	12	50	19 (10kHz)	34	250	±4.5 ~±18	±12	Analog Devices, Inc.

29　若要兼顾信噪比与高速化可使用互阻抗电路

从上面可以看到,对于使用电阻器的电流-电压变换电路而言,要获得良好的信噪比,就会牺牲频率特性。然而,现在已经有了令人满意的电路,这就是使用运算放大器的电流-电压变换电路,它们统称为互阻抗电路。

图 2.12 示出了互阻抗电路。C_{IN} 是光敏二极管的极间分布电容与运算放大器的极间分布电容的总和。与反馈电阻 R 并联的电容器 C_F 是一个去耦电容。运算放大器如果有输入电容,就容易产生自激振荡;利用 C_F 进行相位补偿,就可以使运算放大器的这种自激振荡特性得到改善。

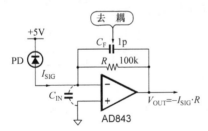

图 2.12　阻抗变换电路

如果运算放大器的单位增益频率为 f_T,那么该电路的 -3dB通频带宽度(即信号通频带宽度)F 可以表示为:

$$F \approx \frac{1}{2}\sqrt{f_T/2\pi \cdot R \cdot C_{IN}} \tag{2.5}$$

为了确保这时候能够具有 $60°$ 的相位余量,必须具有的去耦电容器 C_F 则为:

$$C_F \approx 2\sqrt{C_{IN}/2\pi \cdot R \cdot f_T} \tag{2.6}$$

由式(2.5)可知,在互阻抗电路中,即使 R 和 C_{IN} 的数值比较大,只要使用 f_T 大的高速运算放大器,就有可能实现高速化。换句话说,在互阻抗电路中,运算放大器的选择就变得非常重要。在这一点上,与使用电阻器的电流-电压变换电路中运算放大器的选择无关紧要的情形相比,具有很大的差异。

图 2.13(a)中显示了使用 AD843 时的脉冲响应特性(脉冲重复频率为 500kHz)。AD843 的 f_T 为 34MHz,假设取 $C_{IN}=6pF$,$R=100k\Omega$,根据公式(2.5),$F≈3.7MHz$。根据公式(2.6),这时候的 C_F 值大约为 1pF。这只是一个大致的数值;只要进一步减小通频带宽度,即使增大 C_F 的数值也无关紧要。在某种程度上,自激振荡变得困难了。反过来,如果 C_F 比较小,通频带宽度就会变宽;但是,这时候需要特别注意的是容易产生自激振荡。

图 2.13(b)是使用 MC34081 时的特性。其速度虽然赶不上使用 AD843 时的程度,但是与使用电阻器时的电流-电压变换电路相比,响应速度已经足够快了。当然,如果使用更高速度的运算放大器,其速度还会更快。

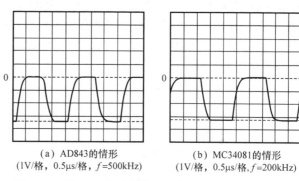

(a) AD843的情形
(1V/格, 0.5μs/格, $f=500kHz$)

(b) MC34081的情形
(1V/格, 0.5μs/格, $f=200kHz$)

图 2.13 图 2.12 电路的脉冲响应特性($I_{SIG}=31.6\mu A$)

30 使用互阻抗电路的专用集成电路也是方法之一

信号的通频带宽度如果超过了几十兆赫,与使用分立元器件组装互阻抗电路相比,使用专用电路制作互阻抗电路要更为简单。虽说是使用专用电路后仍然存在着自激振荡问题,然而对于初学者而言,几乎都是操作步骤越少越好。

表 2.5 给出了 AD8015AR 的技术指标。通频带宽度高达 240MHz,在通常应用的情况下,这大概要算是个比较理想的性能了。

表 2.5 专用集成电路 AD8015AR 的技术指标

• 动态特性

频带宽度	240(180min)	MHz
上升/下降时间	500	ps
稳定时间	3	ps

• 输入特性

线性输入电流的范围	±30	μA
最大输入电流的范围	±350(±200min)	μA
光灵敏度(155Mbps 时)	−36	dBm
输入分布电容	0.4	pF
输入偏置电压	1.8±0.2	V

• 噪声特性

输入电流噪声(f=100MHz)	3.0	pA $\sqrt{\text{Hz}}$
输入全噪声(直流～100MHz)	26.5	nA

• 传输特性

传输阻抗	10±2(单端)	kΩ
	20±4(差动)	
PSRR	37.0(单端)	dB
	40(差动)	

• 传输特性

差动偏移电压	6(20max)	mV
输出共模电压(与+V 比)	−1.3±0.2	V
峰值电压(差动)	600(R_L=50Ω)	mV$_{\text{P-P}}$
输出阻抗	50±10	Ω

• 电源

工作范围	+4.5～+11	V
电源	25(max)	mA

　　图 2.14 示出了它的脉冲响应特性。脉冲重复频率为 15MHz,这确实是一个高速型的电路。该集成电路的输出为发射极耦合逻辑电平,再加上在图 2.14 的电路中具有共用模式的电压,因此可以在交流模式(隔直流状态)下测量。图 2.15 是它的噪声特性。由于它具有宽 240MHz 的通频带,所以增加了一个迄今为止的性能中都用不着的低通滤波器,目的是改善其信噪比。

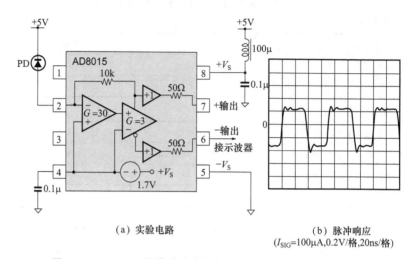

（a）实验电路 　　　　　（b）脉冲响应
（I_{SIG}=100μA,0.2V/格,20ns/格）

图 2.14 AD8015 的脉冲响应特性（脉冲重复周期 f＝15MHz）

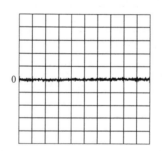

图 2.15 AD8015 的噪声特性
（BW＝240MHz,5mV/格,1ms/格）

　　从表 2.5 可知,AD8015AR 的电流噪声在宽 100MHz 的通频带范围内为 26.5nA$_{RMS}$,因此它输出的噪声电压就是 26.5nA×10kΩ＝0.265mV$_{RMS}$。

31　互阻抗电路噪声的计算方法

　　下面,计算互阻抗电路的噪声。计算时仍选用图 2.12 中的电路。电路中的各种参数分别假设为 R＝100kΩ,C_{IN}＝10pF,C_F＝1pF。

　　首先,计算反馈电阻 R＝100kΩ 上的噪声电动势 E_{NR}。由于电阻器的噪声大致上可以表示为：

$$E_{NR} \approx 4\sqrt{R(k\Omega)}\,(\text{单位 nV}/\sqrt{\text{Hz}}) \tag{2.7}$$

因此,100kΩ 时候的噪声就是 $40\text{nV}/\sqrt{\text{Hz}}$。

其次,计算输入电容 C_{IN} 引起的噪声。由图 2.16 可知,AD843 的输入噪声电压密度在频率低于 f_1 时 $V_N = 19\text{nV}/\sqrt{\text{Hz}}$,而在从 f_1 到 F 的频率范围内随着频率的升高而增加。这是由于输入电容 C_{IN} 引起了运算放大器放大倍数的增加造成的。

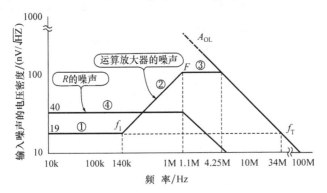

图 2.16 阻抗变换电路产生的噪声
$(R = 100\text{k}\Omega, C_{IN} = 10\text{pF}, C_F = 1\text{pF})$

根据式(2.4)可知,F 的大小为 1.1MHz;f_1 的值可以由下式表示:

$$f_1 = \frac{1}{2}\pi R(C_{IN} + C_F) \tag{2.8}$$

式中,$R = 100\text{k}\Omega$,$C_{IN} + C_F = 11.4\text{pF}$,由此可以计算出 $f_1 = 140\text{kHz}$。

上面所介绍的全部电路噪声列于表 2.6。从中可以发现,在这些所有的噪声之中,最大的是输入电容 C_{IN} 引起的噪声。由此可见,减小该电路噪声的有效方法就是要么减小输入电容 C_{IN},要么使用 V_N 小的运算放大器。而要想减小输入电容 C_{IN},要么就要使用极间分布电容小的光敏二极管,要么就要使用输入电容量小的运算放大器。通常能够将它们控制在几皮法以下。即使将它们降到了最小,最终对电路噪声发挥作用的仍然有光敏二极管的电流噪声(如果真的能够把噪声减小到如此小的程度,那简直是太理想了)。

反过来讲,在光敏二极管本身的电流噪声比较大的情况下,无论采取什么措施来降低噪声,电路的噪声都是降不下来的。另外,噪声的平衡感也非常重要。

因为信号的通频带宽度 $F=1.1\mathrm{MHz}$，所以在其输出端增加一个截止频率为 $2\mathrm{MHz}$ 的低通滤波器，也可以有效地改善电路的信噪比。

在实际组装的时候需要注意的是使用带有屏蔽的封装外壳。

表 2.6 噪声计算表

		噪声电压/ $(\mathrm{nV}/\sqrt{\mathrm{Hz}})$	通带宽度 /MHz	输出噪声 $/\mu\mathrm{V}_{\mathrm{RMS}}$
V_{N}	①	19	0.14	7.1
	②	$19\times\sqrt{1.1/0.14}=54$		54
	③	$19\times(1+C_{\mathrm{IN}}/C_{\mathrm{F}})=152$	$(4.25-1.1)\times1.57=4.95$	338
R	④	40	$1.1\times1.57=1.73$	53
合计				346

① V_{N} 为直流～140kHz 的噪声电压。

② V_{N} 为 140kHz～1.1MHz 的噪声电压。

③ V_{N} 为 1.1～4.25MHz 的噪声电压。

④ V 为直流～4.25MHz 的噪声电压。

32 CR 并联电路的噪声计算方法

即使是非常相似的电路，随着用途的不同，其噪声的考虑方式也完全不一样。例如，图 2.17 的电路就是这个样子。我们把图 2.17(a)作为电流-电压变换电路来计算噪声，而把图 2.17(b)作为充电放大器电路来计算噪声。其中，为了便于比较，电路参数选用了相同的数值。

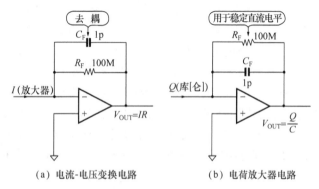

(a) 电流-电压变换电路　　　　(b) 电荷放大器电路

图 2.17 看上去相同但是用途完全不同的两个电路

在计算电容器 C 与电阻器 R 并联电路的噪声时,需要注意的问题是"电容器本身不产生噪声",噪声都是由电阻器 R 产生的。然而,由于电容器 C 的存在,而增加了频率对于噪声的影响。

C、R 并联电路的复阻抗 Z 可以表示如下,即

$$Z = \frac{1}{\frac{1}{R} + j\omega C}$$

$$= \frac{R}{1 + (\omega CR)^2} - \frac{j\omega CR^2}{1 + (\omega CR)^2} \tag{2.9}$$

如上所述,由于电容成分不产生噪声,因此产生噪声的就只有式(2.9)中的电阻成分 R_N。这个 R_N 就是一个角频率为 $\omega(= 2\pi f)$ 的噪声电阻。即

$$R_N = \frac{R}{1 + (\omega CR)^2} \tag{2.10}$$

将其绘制成曲线就是图 2.18。图中的曲线①表示的是 $C_F = 0$ 的情形。因为这时候只有电阻器 $R = 100\text{M}\Omega$,于是就理所当然地对于频率没有依存性。

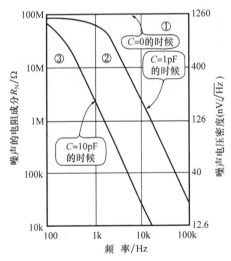

图 2.18 *CR* 并联电路的噪声曲线
($R = 100\text{M}\Omega$ 固定,变化 C)

曲线②表示的是 $C_F = 1\text{pF}$ 的情形。频率越高,R_X 越小。另外,在电流-电压变换电路中,增大 C_F,压缩通频带宽度,有利于改善电路的信噪比。例如,像曲线③所示,如果 $C_F = 10\text{pF}$ 时,进一

步压缩通频带宽度,信噪比将会得到进一步改善。

但是,在充电放大器中,电容器 C 是用于决定电路放大倍数的。电阻器 R_F 的目的仅仅是限制运算放大器的偏置电流,靠它来固定直流电平的大小。另外,在电流-电压变换电路中,注重于包括直流在内的低频领域。与它形成鲜明对比的是,在充电放大器电路中,因为所处理的是脉冲信号,因此充电放大器更注重于高频领域。因此 R_F 越大,噪声变得越小。

图 2.19 是固定电容的大小所测得的噪声曲线。将 $R_F=$ 100MΩ 与 1000MΩ 相比,在低频下,$R_F=$ 100MΩ 的电路理所当然的噪声大;在 1kHz 以上的频率下,噪声反倒会小 20dB 左右。为了便于参考,还给出了 $R_F=$ 10MΩ 的曲线,从中可以看出 R_F 越大,高频下的噪声越小。

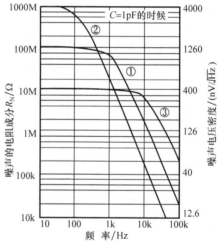

图 2.19 CR 并联电路的噪声

(C=1pF 固定,变化 R)

传感器的漏电流如果比较大,R_F 上的电压降就会变大;如果过大,电路就会饱和。如此说来,为了减小噪声,必须选用漏电流小的传感器。

作为特殊的电路,也有不使用反馈电阻 R_F 的充电放大器电路。当然,如果原封不动地使用,会出现饱和,因此应当将它重新调整为不至于达到饱和的程度。不过,在重新调整的过程中,不能够测量,从原理上来讲在调整过程中噪声有可能变低。

第3章
热敏电阻器

热敏电阻器（Thermally Sensitive Resistor，简称为 Thermistor）是对温度敏感的电阻器的总称。具有负温度系数的热敏电阻器称为负温度系数热敏电阻器，或者使用其英文简称，叫做 NTC（Negative Temperature Coefficient）热敏电阻器。具有正温度系数的热敏电阻器称为正温度系数热敏电阻器，或者使用其英文简称，叫做 PTC（Positive Temperature Coefficient）热敏电阻器。

负温度系数热敏电阻器大多是由 Mn（锰）、Ni（镍）、Co（钴）、Fe（铁）、Cu（铜）等金属的氧化物经过烧结而成的半导体材料制成。因为它具有良好的性能，所以被大量地作为温度传感器使用。通常所说的热敏电阻器，指的就是这种负温度系数热敏电阻器。

由于热敏电阻器所使用的材料是半导体，因此不能在太高的温度下使用。虽说如此，其使用范围有的也达到了 $-200 \sim 700^\circ\text{C}$（通常为 $-100 \sim 300^\circ\text{C}$）。适合于高温下使用的热敏电阻器的材料是 ZrO_2 和 Y_2O_3 等物质的复合烧结体。

作为温度测量型热敏电阻器的规格，在日本工业标准 JIS C1611 中规定了它们的等级、使用的温度范围、标称电阻值以及它们的使用方法等。在市面上出售的热敏电阻器中，还有大量不符合日本工业标准的产品，这就需要大家结合它们的特性灵活地进行电路设计了。

图 3.1 示出了热敏电阻器的温度-电阻特性。

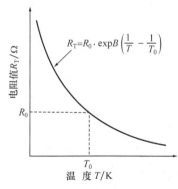

$$R_\text{T} = R_0 \cdot \exp B\left(\frac{1}{T} - \frac{1}{T_0}\right)$$

图 3.1　热敏电阻器的温度-电阻特性

33 批量生产可降低成本的通用型热敏电阻器

热敏电阻器的形状及结构如图 3.2 所示,有珠型、二极管型及圆片型。

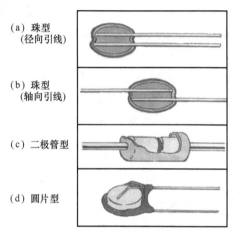

(a) 珠型
　(径向引线)

(b) 珠型
　(轴向引线)

(c) 二极管型

(d) 圆片型

图 3.2 热敏电阻器的内部结构

圆片型热敏电阻器一般都是通过树脂模压封装而成,其使用温度的上限和普通半导体器件一样只有 100℃,有点偏低,但是价格便宜,适于工业化生产。而珠型热敏电阻器和二极管型热敏电阻器因为是封装在玻璃的里面,所以即使在超过 300℃ 的温度下也可以使用。

最近,在珠型热敏电阻器和二极管型热敏电阻器中,也出现了树脂模压封装的产品,其使用温度的上限较低,希望大家使用时加以注意。

34 热响应速度非常快的热敏电阻器

这种热敏电阻器要么是装在细针尖里面使用,要么是贴在薄膜上使用,或者采用其他措施,总之是一种最适合微小型化应用要求,或者最适合要求热响应速度非常快的场合应用的温度传感器。

它们的直径非常小,达到了 1mm 以下,因此热时间常数仅有 1s。通常热敏电阻器的热时间常数都在 10s 以上,所以它实现了 10 倍以上的高速响应。最近,用于测量表面温度的薄膜状(厚度约 0.5mm)的热敏电阻器在市场上已有出售。

照片 3.1 是高速响应型热敏电阻器的外观形貌,照片 3.2 是用于表面温度测量的热敏电阻器的外观形貌。

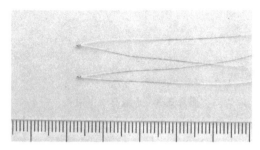

照片 3.1 高速响应型热敏电阻器
PT7-51F-S1((株)芝浦电子)

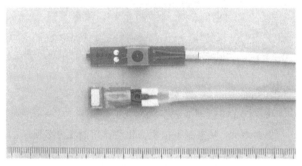

照片 3.2 复印机与打字机用的热敏电阻器
(上:PT5S-25E2,下:PM3S-342,(株)芝浦电子)

35 可在高温下使用的热敏电阻器

将片状高温热敏电阻器封入耐热玻璃,通过把它们与片状陶瓷组合成一体,最高使用温度范围可以扩大到 $400\sim500℃$。在更高温度下使用时,有铂电阻和热电偶,这时候如果再硬性地使用热敏电阻器,那么热敏电阻器就没有什么优势了。另外,热敏电阻器的温度系数为 $-B/T^2$,作为热敏电阻器的最大优势的高灵敏度,在到达高温区以后也都变小了。通过使用片状陶瓷,热敏电阻器的耐潮湿性能也会大幅度提高。

照片 3.3 是高温热敏电阻器的外观形貌,照片 3.4 是用这种高温热敏电阻器制作的商品。

照片3.3　高温热敏电阻器

（右起依次为 U1-382-S5,E1-382-U1,E3-42D-N2,(株)芝浦电子）

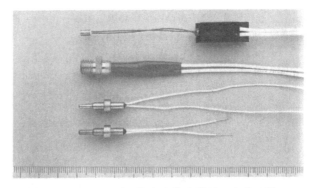

照片3.4　从上到下依次为化油器用温度传感器、
沸水温度传感器及洗衣机用温度传感器((株)芝浦电子)

36　分散性小的高精度热敏电阻器

　　所谓高精度热敏电阻器就是电阻值的容许误差以及 B 值的容许误差的分散性都非常小的热敏电阻器。一般通用型的热敏电阻器都有±(5%～20%)的分散度,而高精度热敏电阻器的分散度则限制在了±1%以内。

　　电阻值的误差为±1%,看起来挺大;但是,由于热敏电阻器的灵敏度高,因此温度误差就变得格外的小。例如,假设热敏电阻器的灵敏度为−3.5%/℃,那么所测得的温度误差(被称之为互换精度)仅有±1(%)/3.5(%/℃)＝±0.3℃。

　　温度跨度越宽,B 值分散性造成的影响越大。电阻值的误差为±1%时(在 100℃ 的温度跨度内),大约产生±0.5℃的温度误差。电阻值以及 B 值的分散度之和构成总的热敏电阻器互换精度。

更细化地,当将热敏电阻器应用于温度跨度小的场合时,主要应当注意电阻值的分散性;随着温度跨度的变宽,还应当注意 B 值的分散性。

容易到手的高精度热敏电阻器的互换精度达到±1%。就连(在 0~70℃的跨度内)误差仅为±0.05%的具有优良性能的高精度热敏电阻也能够买得到。

照片 3.5 示出的是高精度热敏电阻器的外观形貌。

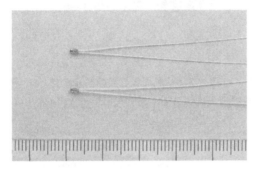

照片 3.5　高精度热敏电阻器 DX3-42H-0/0
((株)芝浦电子)

37 电阻-温度特性呈线性变化的线性热敏电阻器

图 3.1 示出的热敏电阻器的电阻值变化与温度的特性不是线性关系。但是,通过对热敏电阻器增加串联电阻或者并联电阻的方法可以实现线性化(不过,灵敏度会有所下降)。这种方法叫做线性化。高精度热敏电阻器与线性化用的高精度固定电阻器组合在一起的线性热敏电阻器,在市场上已有出售。

显然,如果扩宽温度跨度,就无法只使用 1 个电阻器了。为了维持高精度,就要使用多个热敏电阻器(通常为 2~3 个)。当然,这时候线性化所使用的固定电阻器的数目也会增加。由于这种原因而造成的成本提高是不得已而为之。

线性热敏电阻器的非线性误差也会随着温度跨度的不同而不同(在 50℃的温度跨度内),可以将非线性误差控制在 0.1℃以下。

照片 3.6 是线性热敏电阻器的外观形貌,照片 3.7 是用这种线性热敏电阻器制作的产品。

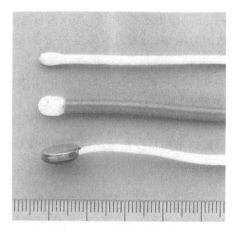

照片 3.6 医用线性传感器中的热敏
电阻器温度探头 400 系列（Nikkiso-YSI Co.,Ltd.）

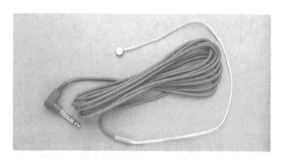

照片 3.7 体表温度计探头 409J（Nikkiso-YSI Co.,Ltd.）

38 自动组装中不可缺少的片式热敏电阻器

适用于自动化组装技术的热敏电阻器是片式热敏电阻器。片
式热敏电阻器的形状与片式固定电阻器和片式电容器一样，有
3216、2012、1608 等标准化了的结构与尺寸（见图 3.3）。

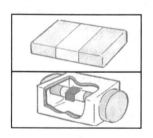

图 3.3 片式热敏电阻器的外观与内部结构

照片 3.8 示出了片式热敏电阻器的外观形貌。

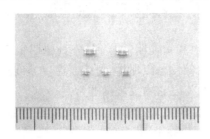

照片 3.8 片式热敏电阻器(上:KG2,下:KG3,(株)芝浦电子)

39 利用其自身加热的自加热型热敏电阻器

通常,为了尽可能地使热敏电阻器本身不发热,而使用小的测量电流进行测量。因为如果其本身发热,就会引入这种发热造成的温度误差。

然而,自加热型热敏电阻器却积极地利用了这种自身加热效应,一般它们将自己加热到150～200℃的状态进行使用。这种热敏电阻器除了工作点与普通热敏电阻器不同外,其他方面都和普通热敏电阻器相同。

如果说到工作原理,则非常简单。例如,在检测空气流量的传感器中,就是利用风速大小不同的时候,自加热型热敏电阻器的工作状态将会发生变化的原理制作的。风速越大,热敏电阻器越会被强制冷却,而要保持恒定的温度,需要的自身加热电流就越大。于是,根据电流值的大小,就可以测出风速为多少。

作为利用自加热型热敏电阻器制作的商品,除了空气流量传感器之外,还有用以检测液面高低之类的位置传感器、绝对湿度传感器等。

照片 3.9 就是空气流量传感器的外观形貌。

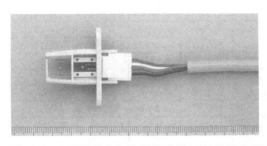

照片 3.9 空调用的空气流量传感器((株)芝浦电子)

40 热敏电阻器的复杂的电阻值表达式(请注意 R_0 和 B 值)

热敏电阻器也和铂电阻一样,是一种电阻值变化型的温度传感器;然而它不能像铂电阻那样,对应于温度呈线性变化。作为对这种缺陷的补偿,就是它的灵敏度非常高。

如果热敏电阻器的电阻值为 $R_T(\Omega)$,绝对温度为 $T(K)$,则 R_T 可以用公式(3.1)表示为:

$$R_T = R_0 \cdot \exp B\left(\frac{1}{T} - \frac{1}{T_0}\right) \tag{3.1}$$

式中,$T_0(K)$ 是基准温度(不管实际温度是多少度,通常都把这个基准温度选定为 0℃ 或者室温);$R_0(\Omega)$ 是 T_0 时的电阻值;$B(K)$ 是用于表示在 T 和 T_0 两温度之间电阻值变化情况的常数。该值越大,相当于每变化 1℃ 所引起的电阻值变化就越大。既然热敏电阻器的电阻值表达式具有如此的形式,就理所当然地具有图 3.1 所示的电阻值随温度变化的曲线。通常在使用的时候可以利用生产厂家提供的温度-电阻值特性表。

表 3.1 示出了 AT 系列热敏电阻器的电阻值随温度变化的特性。

表 3.1 AT 系列的特性(石塚电子(株))

热敏电阻器 温度/℃	102AT (kΩ)	202AT (kΩ)	502AT (kΩ)	103AT (kΩ)	203AT (kΩ)	503AT (kΩ)
−50	24.45	55.62	154.5	329.2	—	—
−40	14.42	32.32	88.85	188.4	641.5	—
−30	8.830	19.47	52.84	111.3	342.3	—
−20	5.592	12.11	32.43	67.75	189.9	484.0
−10	3.650	7.761	20.48	42.45	109.1	277.4
0	2.449	5.113	13.29	27.28	64.87	164.0
10	1.684	3.454	8.839	17.96	39.70	99.97
20	1.184	2.387	6.013	12.09	24.96	62.56
25	1.0	2.0	5.0	10.0	20.0	50.0
30	0.8486	1.684	4.179	8.313	16.12	40.20
40	0.6190	1.211	2.962	5.828	10.65	26.43
50	0.4588	0.8856	2.138	4.161	7.182	17.75
60	0.3447	0.6589	1.568	3.021	4.945	12.16
70	0.2623	0.4976	1.169	2.229	3.465	8.485
80	0.2000	0.3808	0.8838	1.669	2.469	6.025
85	0.1752	0.3347	0.7725	1.451	2.097	5.102
90	0.1537	0.2950	0.6774	1.266	1.789	4.348
100	—	—	0.5267	0.9735	1.316	3.186
110	—	—	0.4130	0.7579	0.9812	2.370
$B_{25/85℃}(K)$	3100	3182	3324	3435	4013	4060

41　标称电阻值 R_0 与室温电阻值

在式(3.1)中,基准温度 T_0 下的电阻值 R_0 叫做热敏电阻器的标称电阻值。标称电阻值一般都选为 0℃或者室温(如 25℃)时的电阻值。AT 系列的热敏电阻器以 25℃作为基准温度,标称电阻值则随着型号的不同而各有不同。

从表 3.1 可以查到 AT 系列热敏电阻器的标称电阻值,如 102AT 的标称电阻值是 1kΩ。为了清楚地表示它在 25℃时的电阻值为 1kΩ,也可以表示为 $R_{25℃}=1kΩ$。

42　B 值表示热敏电阻器的灵敏度

B 值是一个表示热敏电阻器的电阻值变化大小的常数,热敏电阻器的特性就是由这个 B 值的大小决定的。B 值越大,热敏电阻器的灵敏度越高。

B 值的大小可以由下式求出:

$$B=\ln\frac{\dfrac{R_T}{T_0}}{\dfrac{1}{T}-\dfrac{1}{T_0}} \tag{3.2}$$

由式(3.2)可知,B 值的大小可以由任意两个温度点之间的电阻值测得。通常,这两个温度点选为 25℃和 85℃,或者 0℃和 100℃。表 3.1 中的 B 值是由 25℃和 85℃测得的电阻值计算出来的。为了显示出 B 值的测量温度,有时候也写为 $B_{25/85℃}$。

在日本工业标准 JIS C1611 中,已经将热敏电阻器标准化。如表 3.2 所示,该标准中规定了热敏电阻器的使用温度范围、标称电阻值以及 B 值等各项指标。在后面将要介绍的表 3.4 中,作为 JIS 标准产品代用品的规格中也包含了与这些指标相对应的内容。不过,如果过分拘泥于 JIS 标准,廉价的热敏电阻器的特征有时候就得不到充分发挥,所以最好是随机应变地应对所遇到的各种现实问题。

表 3.2 热敏电阻器的日本工业标准(JIS C1161)

使用温度范围/℃	标称电阻值/Ω	标称 B 值/K
−50~100	6k(0℃)	3390(0→100℃)
0~150	30k(0℃)	3450(0→100℃)
50~200	3k(100℃)	3894(100→200℃)
100~250	0.55k(200℃)	4300(100→200℃)
150~300	4k(200℃)	5133(200→300℃)
200~350	8k(200℃)	5559(200→300℃)

43 热敏电阻器的温度系数可由 $-B/T^2$ 计算出来

热敏电阻器温度每升高 1℃ 的电阻值变化率(温度灵敏度)α 可以用下式计算出来,即

$$\alpha = -\frac{B}{T^2} \tag{3.3}$$

从公式右端的系数为负值可以知道,当温度上升的时候电阻值就会减少。现在,我们来计算一下 25℃ 时的温度系数。

根据表 3.1,102AT 的 B 值为 $B_{25/85℃} = 3100\text{K}$,利用公式(3.3)可以得到它在 25℃ 时的温度系数为:

$$\alpha = -3100/298^2$$
$$= -3.5\%/℃$$

而 103AT 的 B 值为 $B_{25/85℃} = 3435\text{K}$,它在 25℃ 时的温度系数则为:

$$\alpha = -3435/298^2$$
$$= -3.9\%/℃$$

由此可见,B 值越大,灵敏度越高。

另外,如果计算 85℃ 时的温度系数,则会得到 102AT 的是 $\alpha = -2.4\%/℃$;103AT 的是 $\alpha = -2.7\%/℃$。可见它们在高温下的灵敏度都会有所下降。

44 B 值的大小随温度变化

通常都把 B 值看作常数,但是对于实际的热敏电阻器而言,它存在着若干变化。图 3.4 示出了 0~100℃ 之间的 B 值每 10℃ 为一间隔计算的结果。从图中可以看到,B 值的大小随着温度的升高而增加。

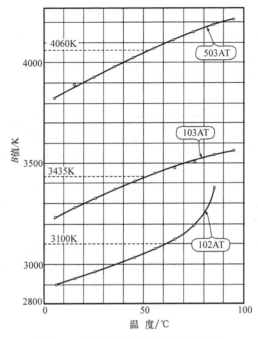

图 3.4　各种温度间隔下 B 值的变化

　　特别是电阻值低的 102AT,在温度超过 70℃后 B 值的变化开始增大。不知道是不是由于这种原因,在表 3.1 中给它设定了一个比其他热敏电阻器更低的、仅有 90℃的最高使用温度。

　　由此可见,由于实际热敏电阻器的 B 值所具有的若干变化,因此在需要高精度的场合下,必须对式(3.1)中的 B 值进行补偿。或者采取最为精确的办法,那就是利用生产厂家预先准备好了的像表 3.1 那样的表格。

45　容易忽略的自身加热与热耗散系数

　　在使用温度传感器的过程中,稍不注意就会忘记的是温度传感器因为其自身加热而引起的温度误差。不仅是热敏电阻器,几乎所有的传感器都需要输入电压(或电流)。之所以提到这一点,是因为它将消耗功率,产生焦耳热。结果造成传感器本身的温度升高,形成温度误差。

　　用于表示热敏电阻器因为其自身功率的消耗而产生了多少热量的技术指标是热耗散系数 δ。

例如,从表 3.3 可以看到,AT2 的热耗散系数 $\delta=2mW/℃$。这意味着,如果消耗 2mW 的功率,热敏电阻器的温度将升高 1℃。其结果,热敏电阻器将会感知到比实际温度高 1℃的温度,该误差将会使热敏电阻器的测量精度变差。

表 3.3 热敏电阻器的技术指标(AT 系列)

热敏电阻器	标称阻值容许误差/%	B 值容许误差/%	热时间常数/s	热耗散系数/(mW/℃)	最高工作温度/℃	最大容许功率/mW,25℃
AT1	±1	±1	75	3	105 (90)	15
AT2	±1	±1	15	2	110 (90)	10

注:( )内的数字适用于 102AT、202AT。

因此,在将其用于精度要求高的情况下,必须尽可能地减小热敏电阻器的自身加热所带来的影响。为了减小功率的消耗,最好能够降低输入电压;不过,这时候输出电压也会降低。在减小热敏电阻器消耗功率的时候,选用电阻值大的热敏电阻器将是一种更有益的方法。

46 热响应时间(热时间常数)——使用时不可超过最大容许功率

热敏电阻器的热响应特性用时间常数 τ 表示。如图 3.5 所示,当环境温度由 T_1 升高到 T_2 的时候,热敏电阻器的温度不会发生突变,而是需要经过一定的时间,缓慢升高。热敏电阻器的温度,就像图中那样,升高到大约为温差(T_2-T_1)的 63％时所经历的时间,叫做热敏电阻器的热时间常数(有时候也用升高到大约为温差的 90％所经历的时间来表示)。

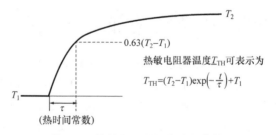

热敏电阻器温度 T_{TH} 可表示为

$$T_{TH}=(T_2-T_1)\exp\left(-\frac{t}{\tau}\right)+T_1$$

图 3.5 热敏电阻器的热时间常数

粗略地讲,经过时间常数 τ 的 5 倍时间,温差(T_2-T_1)可以缩小到 99％以内;经过时间常数 τ 的 7 倍时间,温差(T_2-T_1)可以缩小到 99.9％以内。因此,可以把 5τ 或者 7τ 作为一个指标。

由表 3.3 可知,AT2 的热时间常数 $\tau=15\mathrm{s}$,如果经过 5 倍的时间,$5\times15=75(\mathrm{s})$,就变成了一个很大的数值。而在 AT1 的场合下,热时间常数 $\tau=75\mathrm{s}$,因此 $5\times75=375(\mathrm{s})$,数值就变得更大。这是因为 AT1 的体积比 AT2 的更大。

越是小型的热敏电阻器,热时间常数越小,响应速度也就越快。如果要想减少响应时间的滞后,就必须使用时间常数 τ 小的小型热敏电阻器。

表 3.4 示出的是热时间常数小到了 1s 的高速响应型热敏电阻器。因为体积小,使用中必须十分小心。小型化的结果,使得最大容许功率降低到了 $0.06\mathrm{mW}$,因此输入电压也必须减小。一旦超过其最大容许功率,温度就会急剧升高,引起燃烧。

表 3.4　响应速度快的小型热敏电阻器((株)芝浦电子)

	标称阻值/Ω	阻值容许误差/%	B 常数/K	工作温度范围/℃	热时间常数/s	热耗散系数/mW/℃	最大功耗/mW	符合JIS标准
PB7-41E	15k(0℃)		3390±2% (0～100℃)					
PB7-43	30k(0℃)		3450±2% (0～100℃)					○
PB7-51E	3.3k(100℃)	1,2.5,5, 7.5,10	3970±2% (0～100℃)	−50～ +250	1 (0.6～1.5)	0.25 (0.2～0.3)	0.06	
PB7-25E2	0.55k(200℃)		43±3% (100～200℃)					○
PB7-312	1k(200℃)		4537±3% (100～200℃)					

B 常数:当 $B=3390\sim3970$ 时,也可以是 $\pm1\%$;当 $B=4300\sim4537$ 时,也可以是 $\pm1\%$ 或者 $\pm2\%$。

47　使用 B 值分散度小的热敏电阻器可简化电路的设计

现在我们从电路设计的角度来分析一下热敏电阻器。在电路设计中,首先考虑的问题就是,尽可能地减少需要调整的次数。实现零调整是不可能的。既然不可能实现零调整,那就只有考虑使调整变得更简单些。要达到这个目的,最合适的方法就是使用分散性小的热敏电阻器。

例如,AT 系列热敏电阻器的分散度,根据表 3.3,标称电阻值和 B 值都小到了 $\pm1\%$。$\pm1\%$ 看起来好像是一个比较大的数值;

但是和普通热敏电阻器的分散度都是 3%～10% 相比,±1% 就应当是个足够小的数值了。

对于电阻值的分散性,由于仅需在 25℃ 的一个温度点进行调整,因此调整起来还是比较方便的。以 102AT 为例,温度系数＝ −3.5%/℃,由此可以得出,1℃ 时的分散度相当于 1/3.5＝0.3℃ 的误差(见图 3.6)。因为分散度调整本身是把该误差调整为零,所以也可以省略掉精度调整了。

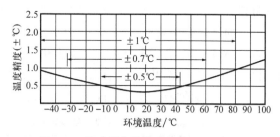

图 3.6　传感器参数的分散性(AT 系列)

然而,对于 B 值的分散性,则需要在两个温度点之间反复地进行调整,调整过程非常麻烦。而且,如图 3.6 所示,在 B 值相同的条件下,使用温度范围越大,对提高精确度越是有利。

如上所述,如果标称电阻值的分散度和 B 值的分散度都比较小,就可以简化电路的设计;在二者不可兼得的情况下,应当优先处理调整起来比较困难的 B 值的分散度问题。

48 非常简单的热敏电阻器线性化电路

热敏电阻器的温度-电阻特性如图 3.1 所示,它不是一条直线,因此需要研究对它进行线性化处理的电路。

图 3.7 示出的是只用一只固定电阻器就可以实现线性化的方法。图 3.7(a)叫做电压模式,图 3.7(b)叫做电阻模式,最终它们都起到相同的作用,同样获得了线性化的结果。在这里我们将就对应于温度而呈现出正斜率输出电压的图 3.7(a)中的电压模式加以说明。

假设输入电压为 V_{IN},串联电阻为 R_1,那么输出电压 V_{OUT} 则为:

$$V_{OUT} = \frac{R_1}{R_T + R_1} V_{IN}$$

(3.4)

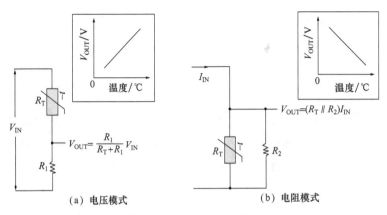

图 3.7 利用电阻器对热敏电阻器进行线性化

串联电阻 R_1 的值由使用温度和热敏电阻器的特性决定,并可以用下式计算出来,即

$$R_1 = \frac{2R_{TL} \cdot R_{TH} - R_{TM}(R_{TL} + R_{TH})}{2R_{TM} - (R_{TL} + R_{TH})} \qquad (3.5)$$

式中,R_{TL} 是热敏电阻器在使用温度下限时的电阻值;R_{TH} 是热敏电阻器在使用温度上限时的电阻值;R_{TM} 是热敏电阻器在使用温度范围的中间温度时的电阻值。

现在,我们利用式(3.5)对 103AT 线性化。为了进行计算,需要有 103AT 的 R_{TL}、R_{TH}、R_{TM} 值。在这里,把它的使用温度范围稍微扩张一些,达到 0~100℃。

在使用温度范围为 0~100℃ 的情况下,R_{TL}、R_{TH}、R_{TM} 分别为 0℃、50℃、100℃ 时的电阻值,它们分别是

$$R_{TL} = 27.28\text{k}\Omega \ (0℃)$$
$$R_{TM} = 4.161\text{k}\Omega \ (50℃)$$
$$R_{TH} = 0.9735\text{k}\Omega \ (100℃)$$

将它们代入式(3.5),可以得到

$$R_1 = [2 \times 27.28 \times 0.9735 - 4.161(27.28 + 0.9735)]$$
$$\div [2 \times 4.161 - (27.28 + 0.9735)]$$
$$\approx 3.234(\text{k}\Omega)$$

如图 3.8(a)所示,如果 $V_{IN} = 1\text{V}$,那么温度每升高 1℃,就可以得到 6.63mV 的输出电压。

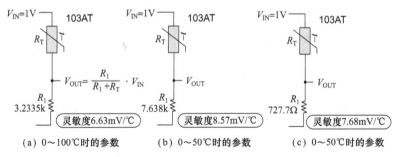

$$V_{OUT} = \frac{R_1}{R_1 + R_T} \cdot V_{IN}$$

（a）0～100℃时的参数　　　（b）0～50℃时的参数　　　（c）0～50℃时的参数

图 3.8　热敏电阻器的线性化数据

49　使用温度范围越窄线性化误差就越小

　　采用这种方法,求出了串联电阻 R_1 的值。但是,使用这个数值的串联电阻究竟实现了多高精度的线性化呢? 图 3.9 计算了其线性化的误差。

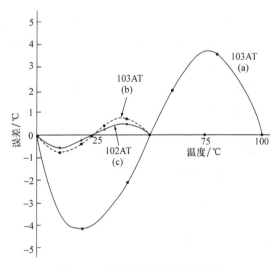

图 3.9　热敏电阻器的线性误差

　　图 3.9(a)是温度范围为 0～100℃时的情况。由于将温度量程扩展到了 100℃,而留下了大约±4.2℃的误差。为了将该误差与分散度产生的误差区别开来,把它称之为线性化误差。

　　一般情况下,线性化误差与温度量程的 3 次方成正比,温度量程越窄,线性化误差就越小。现在仍然使用上述的热敏电阻器,尝试着在 0～50℃ 的温度范围内对其实行线性化。这时候,R_{TL}、R_{TH}、R_{TM} 分别为 0℃、25℃、50℃ 时的电阻值,根据表 3.1 可以求出它们分别为:

$$R_{\mathrm{TL}} = 27.28\mathrm{k}\Omega\ (0℃)$$
$$R_{\mathrm{TM}} = 10\mathrm{k}\Omega\ (25℃)$$
$$R_{\mathrm{TH}} = 4.161\mathrm{k}\Omega\ (50℃)$$

把它们代入式(3.5),可以得到

$$R_1 = [2 \times 27.28 \times 4.161 - 10(27.28 + 4.161)]$$
$$\div [2 \times 10 - (27.28 + 4.161)]$$
$$\approx 7.638(\mathrm{k}\Omega)$$

如图 3.8(b)所示,当 $V_{\mathrm{IN}} = 1\mathrm{V}$ 时,温度每升高 1℃,就可以得到 8.57mV 的输出电压。

这时候的线性化误差如图 3.9(b)所示,小到了约为 ±0.8℃。由此可以看出,为了减小线性化误差,压缩温度量程将是非常有效的。

另外,为了作为参考,图 3.9(c)给出了用 102AT 取代 103AT 时的特性曲线。与 103AT 相比,误差减小了,这是因为它的 B 值减小了。

这样一来,用一只固定电阻器就可以轻而易举地实现了线性化;但是不要忘了,这种线性化是以牺牲灵敏度为代价的。

50　使用两只以上热敏电阻器的高精度线性化电路

用 1 只固定电阻器完成线性化的优点是电路简单,缺点是无法获得多么宽的温度范围。于是,就出现了使用两只热敏电阻器或者 3 只热敏电阻器来实现线性化的方法。

图 3.10 示出了这种电路。采用这种方法后,在 100℃ 宽的温度范围内,也可以实现 0.1℃ 以下的误差。缺点是这种电路中的热敏电阻器和固定电阻器都需要高精度,成本由此而被提高了。使用通用型热敏电阻器制作这种高精度的线性化热敏电阻器比较困难,所以通常都从市面上购买现成的产品。

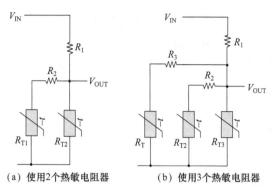

（a）使用2个热敏电阻器　　　　（b）使用3个热敏电阻器

图 3.10 宽温度范围内的高精度线性化方法

　　表 3.5 列出了市面上出售的线性化热敏电阻器的技术指标。

表 3.5　线性化热敏电阻器举例（Nikkiso-YSI Co.,Ltd.）

型　　号	44201	44211A	44212
温度范围/℃	0～100	−55～85	−55～55
互换精度/℃	±0.15（−30～100)	±0.4（0～85）， ±0.8（0～−55)	±0.1（−55～55)
线性化误差/℃	±0.216	±0.11	±0.15,0.08（使用 0.02%的电阻)
R_1,R_2,R_3 的值/kΩ	3.2/6.25	3.55/6.025	23.1/88.2/38.0
电压模式/V	$V_{OUT}=(5.3483\times10^{-3}T$ $+0.13493)V_{IN}$	$V_{OUT}=(5.068\times10^{-3}T$ $+0.3411)V_{IN}$	$V_{OUT}=(5.59149\times10^{-3}T$ $+0.407)V_{IN}$
电阻模式/Ω	$R=-17.115T+2768.23$	$R=-17.99T+2339$	$R=-129.163T+13698.23$
$V_{IN(MAX)}$/V	2.0	2.0	3.5
$I_{IN(MAX)}$/mA	0.625	0.833	0.700
最小负载电阻 MΩ	10	10	10

51　使用热敏电阻器的温度报警电路

　　在这里，作为热敏电阻器的应用实例，图 3.11 示出了温度报警电路。在使用大功率晶体管和大功率场效应晶体管等大功率器件的设备中，有时候为了防止器件过热*需要有温度报警电路。图

　　＊ 原文是“为了防止器件的加热”。——译者

中的温度报警电路是当温度超过温度传感器的设定上限（图中为80℃）时，比较电路就由"低"电平变为"高"电平，它就告诉我们器件过热了。

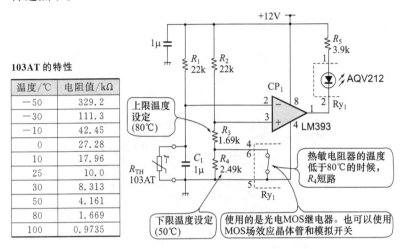

103AT 的特性

温度/℃	电阻值/kΩ
−50	329.2
−30	111.3
−10	42.45
0	27.28
10	17.96
25	10.0
30	8.313
50	4.161
80	1.669
100	0.9735

图 3.11 使用热敏电阻器的温度报警电路

该电路的特点在于，用热敏电阻器作为温度传感器。热敏电阻器的电阻值随温度的变化虽然不是线性的，但是却可以有效地利用其灵敏度非常高的优点。而且，在这种场合下也没有必要要求它必须具有良好的线性。

热敏电阻器使用的是 103AT。固定电阻器 $R_1 \sim R_4$ 和热敏电阻器 R_{TH} 构成桥式电路。R_1 和 R_2 的电阻值大小无关紧要；在电源电压为 12V 时，我们把它取为 22kΩ 左右。事实上，电阻值取得更大些也没关系。

R_3 是用于设定上限温度的电阻器。例如，在温度设定为 80℃ 的情况下，R_3 选为 1.69kΩ。1.69kΩ 是热敏电阻器在 80℃ 时的电阻值。

另外，R_4 设定了报警电路恢复时的温度下限。如果没有这个电阻器，比较电路的输出就会在上限温度附近产生寄生振荡；由于这个电阻器的接入而使得相位出现延迟，从而避免了寄生振荡。在下限温度为 50℃ 的情况下，$R_3 + R_4$ 的电阻值取为热敏电阻器在 50℃ 时的电阻值 4.161kΩ。因为 $R_3 = 1.69$kΩ，所以选取 $R_4 = 4.161 - 1.69 = 2.47$kΩ。

Ry_1 是光敏场效应晶体管继电器 AQV212。其作用是当热敏电阻器的温度低于 80℃ 的时候，将 R_4 短路。在热敏电阻器的温度低于80℃的时候,比较器电路的输出为"低"电平,Ry_1中有电流流过,结果就造成了R_4被短路。

如果热敏电阻器的温度高于80℃,比较器电路的输出为"高"电平,Ry_1中没有电流流过,R_4的电阻值与R_3的电阻值相叠加,由此而设定了温度的下限。

当然,虽然我们这里Ry_1使用的是光敏场效应晶体管继电器,事实上即使使用机械继电器和模拟开关也没关系。

照片3.10示出了AT系列高精度热敏电阻器的外观形貌。

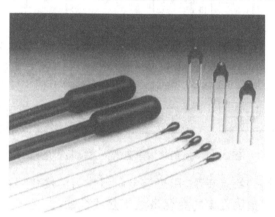

照片3.10 AT系列高精度热敏电阻器
（石塚电子(株)）的外观形貌

第4章
铂电阻

金属的电阻值具有随着温度的升高而增大的性质,即具有所谓正的电阻温度系数(3000～7000ppm/℃)。利用金属的这种性质制作成的温度传感器叫做测温电阻器。适合制作测温电阻器的金属材料有铂、铜、镍等。其中,铂具有以下特性:

① 熔点高达1768℃,无论化学性质,还是电学性质都非常稳定。

② 富有延展性,容易加工成极细的金属丝。

③ 电阻-温度特性呈现良好的线性。

以上这些优点,是制作温度传感器最合适的材料。用铂制作成的测温电阻器叫做铂电阻。

以铂为材料的铂电阻是一种性能极其稳定,测温范围宽达－200～＋650℃,在高精度温度测量中不可欠缺的温度传感器。最近还开发出了测量温度超过1000℃的铂电阻。

目前,日本具有铂电阻规格的标准是日本工业标准JIS C1604-1989(新的日本工业标准JIS)(见表4.1)。以前曾经有过旧的日本工业标准(旧JIS)为JIS C1603-1981,旧的日本工业标准规定的铂电阻温度系数为3916ppm/℃,它与国外产品没有互换性,因此被新的日本工业标准所替代。新标准与DIN43760(旧的西德工业标准)和IEC751(国际电工学会标准)相一致,统一为3850ppm/℃。而且,标称电阻值也只有100Ω一种了。

传统的铂电阻以在云母板上或者在陶瓷板上缠绕电阻丝的绕线型为主,最近出现了适合于工业化生产的廉价的薄膜型或者厚膜型的铂电阻。这些膜式的铂电阻除了可以跟随环境温度波动、具有热响应速度快的优点外,还由于容易获得高电阻值,而具有容易进行电路设计的特点。特别是在低功率消耗的应用中,是一种必不可少的器件。

而且,这些膜式的铂电阻在形状上也变得更具有选择的空间,从大面积(几平方厘米以上)到小型化的都可以制作。因此,虽然它们不符合日本工业标准,但却是使用起来十分方便的温度传感器。

表 4.1　铂电阻的标准规格（JIS C1604-1989）

温度/℃	铂电阻的标称电阻值/Ω	铂电阻的最大容许值			
		A 级		B 级	
		Ω	℃	Ω	℃
−200	18.49	±0.24	±0.55	±0.56	±1.3
−100	60.25	±0.14	±0.35	±0.32	±0.8
±0	100.00	±0.06	±0.15	±0.12	±0.3
+100	138.50	±0.13	±0.35	±0.30	±0.8
+200	175.84	±0.20	±0.55	±0.48	±1.3
+300	212.02	±0.27	±0.75	±0.64	±1.8
+400	247.04	±0.33	±0.95	±0.79	±2.3
+500	280.90	±0.38	±1.15	±0.93	±2.8
+600	313.59	±0.43	±1.35	±1.06	±3.3

100Ω 情况下的温度特性可以用下式表示：

▶0～+600℃时

$$R_t = 100(1+3.90802\times10^{-3}\times t - 0.580195\times10^{-6}t^2)$$

▶−200～0℃时

$$R_t = 100[1+3.90802\times10^{-3}\times t - 0.580195\times10^{-6}t^2 - 4.27350\times10^{-12}(t-100)t^3]$$

其中，R_t 是温度为 t 时的电阻值（Ω）；t 是温度（℃）。

52　使用方便的云母型铂电阻

　　这种铂电阻的结构如图 4.1 所示，它是在两侧带有许多沟槽的云母板（宽 3～10mm）上，缠绕铂电阻丝（30～40μm），然后再将它夹在用于绝缘的云母板中间而构成的。而且，在外面还要套上半圆形的不锈钢弹簧板，以减少电阻丝承受的应力。

　　云母型铂电阻结构牢固，使用方便，在工业上获得了广泛的应用。

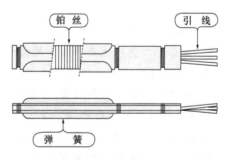

图 4.1　云母型铂电阻的结构（M100 系列）

照片 4.1 示出了云母型铂电阻的外观形貌。

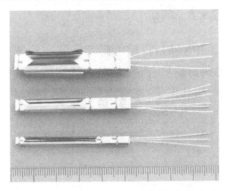

照片 4.1 云母型铂电阻（M100 系列，山里产业（株））

53 可以在高温下使用的陶瓷封装型铂电阻

陶瓷封装型铂电阻的结构如图 4.2 所示，它是将制作成螺旋形的高纯度铂电阻丝装入氧化铝陶瓷外壳中，其底部用耐热玻璃料固定起来而构成的。由于可以减少铂电阻丝承受的热应力，因此它具有以下特点：

① 可以一直使用到高温。

② 电阻值的误差小。

③ 重复性与长期稳定性都很好等优点。

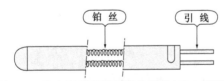

图 4.2 陶瓷封装型铂电阻的结构（C100 系列）

照片 4.2 示出了陶瓷封装型铂电阻的外观形貌。

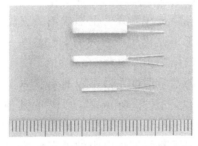

照片 4.2 陶瓷封装型铂电阻（C100 系列，山里产业（株））

54 能防水的玻璃封装型铂电阻

玻璃封装型铂电阻是将铂电阻丝绕制在特殊的玻璃体上,调整好 0℃时的电阻值以后,再将其封入特殊的玻璃管中构成的(见图 4.3)。其热响应速度快,绝缘性能、耐水性能、耐气性能等都非常优良。

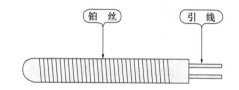

图 4.3 玻璃封装型铂电阻的结构(G100 系列)

照片 4.3 示出了玻璃封装型铂电阻的外观形貌。

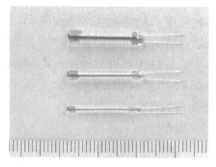

照片 4.3 玻璃封装型铂电阻(G100 系列,山里产业(株))

55 适于工业化生产的薄膜型铂电阻

卷绕型铂电阻的缺点是难以实现工业化生产的低成本。薄膜(或者厚膜)型铂电阻是在陶瓷管上形成铂薄膜而制成的。而金属膜电阻能够适用于工业化生产技术,因此这是一种通过工业化生产可以降低成本的结构。

这种铂电阻的电阻温度系数不仅具有日本工业标准 JIS 规定的 3850ppm/℃,也备有 3850ppm/℃以外的其他数值的产品,使用时可以根据需要选择适合测量电路的型号。

照片 4.4 示出了薄膜型铂电阻的外观形貌。

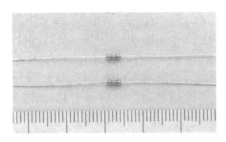

照片 4.4　薄膜型铂电阻(SDT-101,多摩电气工业(株))

56 工业用铂电阻一般都具有金属保护管

铂电阻通常都像图 4.4 那样,装入保护管中使用。保护管一般都由金属制成。在金属保护管中,随着使用温度范围的不同、环境气氛的不同、抗振性能的不同、热响应速度的不同,分为各种各样的类型。

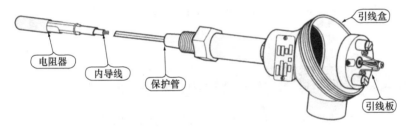

图 4.4　带有金属保护管的铂电阻的结构

将陶瓷封装型铂电阻装入充填有氧化镁的金属铠装管的铠装铂电阻,具有柔韧性、响应速度快、耐环境性能好的优点。

除了金属管以外,还有耐化学腐蚀性能优良的特氟隆管,以及特别适合于在高温下使用的石英玻璃管等,所以重要的是应当根据用途的不同分别选用。

照片 4.5 示出了带有金属保护管的铂电阻的外观形貌。

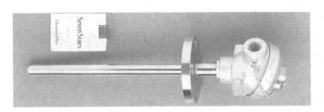

照片 4.5　带有金属保护管的铂电阻(山里产业(株))

57 利用自身加热效应的自加热型铂电阻

利用自身加热的铂电阻可以制作成风速传感器等仪器。它利用空气冷却效应引起铂电阻的电阻值变化,通过测量铂电阻自身加热电流的大小,就可以推算出风速的大小。

这种传感器是在直径为 $500\mu m$、长 2mm 的小型陶瓷管上形成铂薄膜而构成的,其时间常数小到了 1.5s。

照片 4.6 示出了自加热型铂电阻的外观形貌。

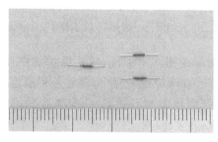

照片 4.6 自加热型铂电阻(SDT-201,多摩电气工业(株))

58 铂电阻的温度系数为 3850ppm/℃

热电偶是电压输出型温度传感器,而铂电阻是电阻值变化型温度传感器。因此,铂电阻与热电偶相比,它需要有一个将电阻值的变化转换为电压的驱动电路,而不需要进行热电偶电路中不可缺少的冷端补偿。

表 4.1 示出了铂电阻的日本工业标准 JIS。其标称电阻值为 100Ω($0℃$),温度系数为 3850ppm/℃。所谓温度系数为 3850ppm/℃,也就是 0.385%/℃。如果把它的灵敏度与热敏电阻器的-3%/℃ $\sim -4\%$/℃相比,则其灵敏度仅有热敏电阻器的 1/10。但是,作为对于这一缺点补偿的是,它的线性极其优良。图 4.5 示出了铂电阻的温度特性。

铂电阻的测温精度因为标称电阻值的分散性和温度系数的分散性而分为 A 级和 B 级。A 级传感器在 0℃时的误差(分散性)仅为$\pm0.15℃$,即使在 600℃的温度跨度内也仅有$\pm1.35℃$,具有极高的精度。

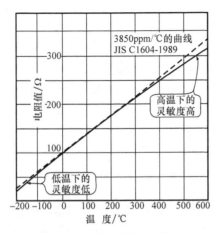

3850ppm/℃的曲线
JIS C1604-1989

高温下的灵敏度高

低温下的灵敏度低

图 4.5 铂电阻的温度特性

　　然而,随着用途的不同,有时候不需要达到如此高的精度,于是有的生产厂家就放宽了精度要求,而降低了出售的价格。在这种情况下,虽然不合乎日本工业标准 JIS 的规定,但是却可以降低成本。

　　最近,作为日本工业标准 JIS 以外的铂电阻,标称电阻值不是 100Ω(而是 500Ω 或者 $1k\Omega$)的传感器,在市场上也有出售。由于它们的电阻值高,因此不容易受到布线电阻的影响,随着用途的不同,有时候使用起来反倒更加方便。

　　还有不是用铂丝,而是用铂厚膜和铂薄膜或者铂金属箔构成铂电阻的传感器。这些铂电阻由于容易实现工业化生产,因而有可能降低成本。

　　温度系数也不仅有 3850ppm/℃,也有 3750ppm/℃ 或者 3500ppm/℃ 的铂电阻。温度系数小的铂电阻易于制造,价格也便宜。

59　恒电流驱动与恒电压驱动时的非线性误差

　　铂电阻的电阻值对应于温度呈现出非常优异的直线性,虽然这么说,但它还是存在着些微的非线性误差。图 4.6(b)示出了改变温度使用范围时的非线性误差。图 4.6(a)是其测量电路。

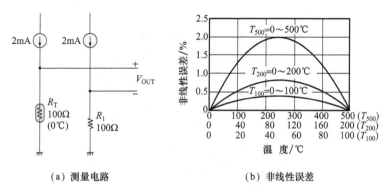

（a）测量电路	（b）非线性误差

图 4.6 铂电阻的线性误差

因为它是使用恒定的电流驱动传感器,所以被称之为恒电流工作。这时候,固定电阻器 R_1 中也流过了相同的电流;之所以要加上这个固定电阻器,是为了除去该电流在传感器上产生的 0℃时的电压降。从图 4.7 可以看出,传感器在 0℃时具有 100Ω 的电阻值,当有 200mA 的电流流过时,传感器本来应当输出的 0V 的电压却被抬高了 $100Ω×200mA＝200mV$。

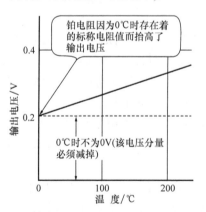

图 4.7 输出电压被抬高了

如图 4.6(b)所示,铂电阻的非线性误差在 0~100℃的温度范围内大约为 0.4%(0.4℃)。0~200℃与 0~500℃的温度范围内,分别为 0.8%(1.6℃)和 2%(10℃)。

铂电阻还有一种驱动方式,就是恒电压驱动。图 4.8(a)示出了它的测量电路,图 4.8(b)示出了它的非线性误差。在恒电压驱动下,它的线性在某种程度上变差了,不过这些误差可以利用线性化电路将其除去。因为铂电阻的非线性比较规则,所以线性化电路也比较简单。

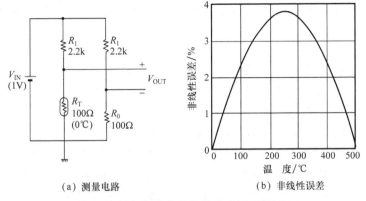

（a）测量电路　　　　（b）非线性误差

图 4.8　铂电阻的非线性误差（恒电压驱动）

关于线性化电路更详细的解说，请参照《传感器实用电路的设计与制作》。

60 减轻布线电阻影响的三线连接方式

铂电阻的电阻值仅为 100Ω（$0℃$时），所以当布线较长时，传感器会受到布线电阻的影响。传感器的温度系数为 $3850\text{ppm}/℃$，因此如果存在 0.385Ω 的布线电阻，那么就会产生 $1℃$ 的误差。

用于减轻这种布线电阻影响的方法，有三线连接方式和四线连接方式。

图 4.9（a）示出的是三线连接方式。该电路的输出电压 V_{OUT} 是：

$$V_{\text{OUT}}=e_1-e_2$$
$$=i_1(r_1+R_T+r_3)-i_2(r_2+R_2+r_3) \qquad (4.1)$$

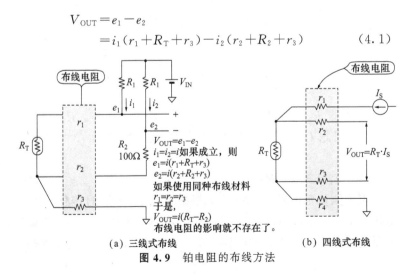

（a）三线式布线　　　　（b）四线式布线

图 4.9　铂电阻的布线方法

这三根导线都使用相同的材料,而且 $i = i_1 = i_2$,将其代入公式 (4.1),得

$$V_{OUT} = i(R_T - R_2) \tag{4.2}$$

虽然这里增加了三根导线的布线电阻 r_1、r_2、r_3 都必须相等的附加条件,但是与通常的布线方式(二线连接方式)相比,它却可以大幅度地减小误差。

图 4.9(b)示出的是四线连接方式。由于传感器的电流与输出布线是完全独立的,因此可以彻底地消除掉布线电阻的影响。虽然它需要有四根导线,但却可以获得最高的精度,所以被广泛地应用于测量领域。这种布线方式又叫做开尔文连接法。

61 用于铂电阻的放大器制作方法——恒电流驱动

图 4.10 是使用铂电阻的温度测量电路。传感器使用的是标称电阻值为 1kΩ(0℃时)的铂电阻。AD589 是提供基准电压用的集成电路,$V_R = 1.24V$。

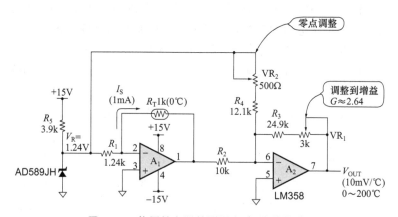

图 4.10 使用铂电阻的测温电路(未线性化)

传感器 R_T 中流过的电流 I_S 的大小是 $I_S = V_R/R_1$。$R_1 = 1.24\text{k}\Omega$,因此 $I_S = 1\text{mA}$。于是,可以得出运算放大器 A_1 的输出电压 V_1 为:

$$V_1 = -I_S \cdot R_T \tag{4.3}$$

温度测量范围是 0~200℃。根据表 4.1,200℃时传感器的电阻值为 $R_T = 1758.4\Omega$。由此可以算出,在 0~200℃的温度范围内电阻值的变化为 $1758.4\Omega - 1000\Omega = 758.4\Omega$,那么输出电压就是

$$V_1 = -1\text{mA}[1000\Omega + (758.4\Omega/200℃)T]$$
$$= -1\text{V} - (3.792\text{mV}/℃)/T \quad\quad (4.4)$$

为了使输出电压 V_{OUT} 的灵敏度达到 10mV/℃，运算放大器 A_2 的增益 G 如果取为：

$$G = 10/3.792 = 2.64$$

输出电压 V_{OUT} 则应为：

$$V_{OUT} = -G \cdot V_1$$
$$= -2.64\text{V} + (10\text{mV}/℃)T \quad\quad (4.5)$$

式(4.5)中的 2.64V 比较啰嗦，可以利用 R_4 和 VR_2 将其消去。于是，就可以得到

$$V_{OUT} = (10\text{mV}/℃)T \quad\quad (4.6)$$

62 用于铂电阻的放大器制作方法——恒电压驱动

铂电阻另外还有一种驱动方式，那就是恒电压驱动。图 4.11 是恒电压驱动电路的方框图，图 4.12 是其基本电路。利用该电路可以在 0～500℃ 的时候得到 0～5V 的输出电压。其灵敏度为 10mV/℃。

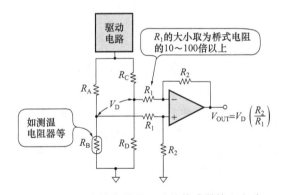

图 4.11 差动放大器所必需的传感器输入电路

电路中使用的是 1kΩ(0℃) 的铂电阻。其特点是：因为铂电阻的电阻值高达 1kΩ，所以不容易受到布线电阻的影响。

R_0、R_1、R_T 构成桥式电路，桥式电路的输出电压 e_{OUT} 经由差动放大器放大。e_{OUT} 可以表示为：

$$e_{OUT} = \frac{R_1 \Delta R}{(R_1 + R_t)(R_1 + R_0)}V_D \quad\quad (4.7)$$

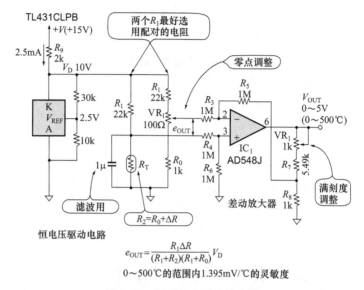

$$e_{OUT} = \frac{R_1 \Delta R}{(R_1 + R_2)(R_1 + R_0)} V_D$$

0～500℃的范围内1.395mV/℃的灵敏度

图 4. 12　用于铂电阻的放大器

式中，V_D 是驱动电路的电压。

在图中所示参数的条件下，e_{OUT} 的灵敏度为 1.395mV/℃；为了将它放大为 10mV/℃ 的灵敏度，差动放大器的增益 G 必须为 10/1.395＝7.17 倍。由于差动放大器的增益可以表示为：

$$G = 1 + \frac{R_7 + VR_2}{R_8} \tag{4.8}$$

取 $R_7 = 5.49\text{k}\Omega$，$R_8 = 1\text{k}\Omega$，则可以借助于 VR_2 将增益调整为6.5～7.5 倍。

在该电路中，为了使桥式电路的电阻不受影响，而将输入电阻值选取了高达 $R_3 = R_4 = 1\text{M}\Omega$ 的数值，由此而决定了运算放大器必须是低输入偏置电流的场效应晶体管输入型。表 4.2 列出了场效应晶体管输入型运算放大器的技术指标。

表 4. 2　场效应输入运算放大器的技术指标

型　号	输入偏移电压/mV	偏移电压温漂/μV/℃	输入偏置电流/pA	开环增益/dB	转换速率/(V/μs)	GB 积/MHz	生产商
AD548J	3(max)	20(max)	20(max)	106(min)	1.0(min)	0.8(min)	Analog Devices
AD711J	3(max)	20(max)	50(max)	100(min)	16(min)	3(min)	
LF411	2(max)	20(max)	200(max)	88(min)	8(min)	2.7(min)	National Semiconductor corp.
LF441	5(max)	10(typ)	100(max)	88(min)	0.6(min)	0.6(min)	
LF356	10(max)	5(typ)	200(max)	88(min)	12(typ)	5(typ)	

　　驱动电压 U_D 由分路调整集成电路 TL431 提供。TL431 的技术指标列在了表 4.3。其温度系数为 50ppm/℃,这对于几乎所有的使用场合都应当不成问题。

表 4.3　分路调整集成电路 TL431 的直流特性

基准电压	2.495V±55mV
温度系数	50ppm/℃
输出电流	0.4(1max)mA
最小阴极电压	2.5~36V
基准电压端的输入电流	2μA

　　表 4.2 的场效应晶体管运算放大器的温度漂移等直流特性不那么好;因此,在进行更高精度的测量时,可以使用图 4.13 所示的由 3 个运算放大器组成的差动放大电路。虽然运算放大器要用 3 个,但是由于没有 1MΩ 的高电阻值,因此像 OP07 这样双极输入型的高精度运算放大器也可以使用。

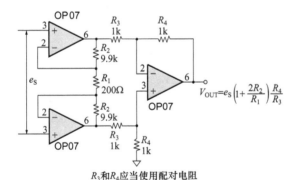

R_3 和 R_4 应当使用配对电阻

图 4.13　高精度测量电路中使用的差动放大器
（放大倍数为 100 的场合）

第 5 章
热电偶

将两种不同的金属丝像图 5.1 那样连接起来,如果给它们的连接点与基准点之间提供不同的温度,就会产生电压(热电动势)。这种现象叫做塞贝克效应。热电偶就是利用这一现象制作成的温度传感器。

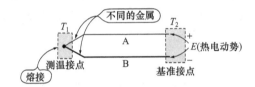

图 5.1 两种不同金属相连接会因为温度差异而产生电动势

热电偶作为温度传感器的最大魅力在于温度测量范围极宽。从 —270℃的极低温度到 2600℃的超高温度都可以测量,而且在 600~2000℃的温度范围内可以进行最精确的温度测量(600℃以下时铂电阻的测量精度高)。

目前,在日本工业标准 JIS 中有 K、E、J、T、B、R、S 等多种类型的热电偶。当然,还有一些日本工业标准 JIS 之外的热电偶。热电偶产生与温差成比例的热电动势;当测温接点与冷端(基准接点)的温度相同时,热电动势就变为零。这样一来就无法知道准确的温度了,因此这就需要采用某种方法为其提供一个基准接点,以便产生与温度成比例的电压。提供基准接点的方法叫做冷端补偿。

提供冷端补偿的方法之一是像图 5.2 那样,装入冰水混合物的保温瓶,使用时将热电偶的基准接点插入其中。这样做的结果,就可以使保温瓶中的温度长期保持在 0℃,于是就可以进行以 0℃为基准的温度测量。作为其他的方法,还有给图 5.1 所示的热电动势加上一个与冷端温度相当的电压的方法。由于在市场上有现成的专用集成电路和微型组件出售,因此实施起来很简便。最近这种方法成了一种普遍采用的方法。

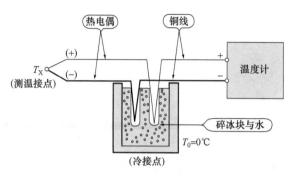

图 5.2　热电偶的冷端补偿

　　在热电偶与测量仪器（电压计）相距比较远的情况下，最理想的方法是连接比较长的热电偶金属丝，但是这样会提高系统的成本。因此，如果能够有廉价的热电偶替代品，肯定就会使用它。这种热电偶的替代品叫做补偿线。

63　最常见的铠装热电偶

　　铠装热电偶是将热电偶丝埋入氧化镁等粉末状的无机绝缘材料中，实现电气绝缘后，封入柔软的金属铠装管中。所以它具有以下的优点：

　　① 从外观上看比较细，因此热响应性能好。

　　② 因为柔软，而可以进行某种程度的弯曲。

　　③ 耐热性、抗压（力）性、耐冲击性优良。

　　铠装管的前端如照片 5.1(a)所示，具有裸露型、接地型和非接地型三种类型。

　　裸露型如图 5.3(a)所示，由于是将热电偶的接点部分裸露在外，因此适用于非腐蚀性气体。作为对于这种使用条件限制的补偿，其热响应性能良好。

　　接地型如图 5.3(b)所示，由于热电偶被放在了铠装管内，因此被测对象即使是腐蚀性的气体和液体也照常能够使用。由于热电偶的接点部分与铠装管的前端熔焊在了一起，因此其热响应性能介于裸露型与非接地型之间。

　　非接地型如图 5.3(c)所示，它是将热电偶被放在了铠装管内，热电偶的接点部分与铠装管的前端不熔焊在一起。因此，其热响应性能最差,但是却换来了热电偶与外界的电绝缘性。

(a) 前端　　　　　　　(b) 连接器的内部

(c) SH600-K-05-u的本体

照片 5.1　铠装热电偶(石川产业(株))

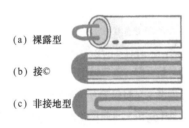

(a) 裸露型

(b) 接©

(c) 非接地型

图 5.3　铠装热电偶的种类

64　测量温度低但易于操作的被覆型热电偶

在测量温度低到 200～300℃ 以下的情况下,可以使用一种在热电偶丝上被覆一层耐热乙烯树脂或者特氟隆绝缘薄层的热电偶。这种型号的热电偶具有以下特性:

① 热电偶丝可以切割成任意长度,然后再将其顶端熔焊在一起使用。

② 能够弯曲,也可以铠装。

③ 价格便宜等优点。

④ 一次性使用以及狭窄的地方使用都很方便。

其被覆方式有单线被覆以及在单线被覆的外面再被覆上一层的二次被覆等多种形式。

照片 5.2 是被覆型热电偶的外观形貌。

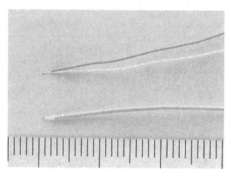

照片 5.2　被覆型热电偶

（上：单线被覆；下：双线被覆，石川产业（株））

65 热响应速度非常快的极细热电偶

　　热电偶的构造是将两种不同类型的金属丝接合在一起而形成的非常简单的结构，因此可以制作成极细的传感器（因为电阻值与其粗细成反比，所以电阻值很大）。现在，金属丝直径为 0.025mm（25μm）的热电偶可以很容易地买到（金属丝直径为 1μm 以下的热电偶也能够买到）。其中，热电偶接点部分的粗细为热电偶金属丝的 3 倍左右。

　　这种型号的热电偶除了响应速度非常快（在静止空气中约为几十毫秒）之外，还有能够将被检测部位经由热电偶流失掉的热量降到最小的优点。在测量微小物体的温度或者狭窄部位的温度时极为有效。

　　照片 5.3 示出的是极细的热电偶的外观形貌。

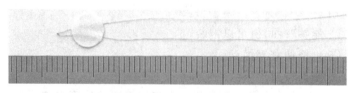

照片 5.3　极细的热电偶（石川产业（株））

66 适于测量表面温度的热电偶

　　用于测量表面温度的热电偶有片状热电偶。由于其测量部位的厚度薄到了十至几十微米,因此其热响应特性非常好(将测量部位贴到被测量部位后大约只需要几毫秒就可以进行测量了)。热惯性也很小。

　　还有能够测量旋转物体或者移动物体的特殊形状的热电偶。

　　照片 5.4 示出的是用于测量表面温度的热电偶的外观形貌,照片 5.5 示出的是高速响应型表面温度传感器的前端部分。

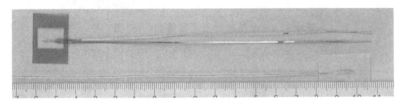

照片 5.4　测量表面温度的热电偶(上面为高速型,石川产业(株))

照片 5.5　高速型表面传感器的前端部分

------ 专栏 ------

热电堆(非接触型温度传感器)

　　自然界中的物体或多或少,它们全部都在辐射着红外线。其辐射的红外线能量大小,与物体绝对温度的 4 次方成正比(斯忒藩-玻耳兹曼定律),因此通过检测红外线可以测量出物体的温度。

　　测量红外线可以使用叫做热电堆的器件。热电堆是将热电偶堆积起来的温度传感器。它将接收到的红外能量产生的温度变化用热电偶检测出来,以热电动势的形式输出出去。

　　其精度虽然超不过普通的热电偶,但是却具有一个最大的优点,那就是能够进行非接触式温度测量。

　　照片 5.A 示出的是使用热电堆制作的非接触式温度传感器的外观形貌。

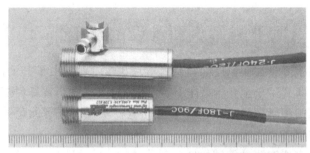

照片 5. A   非接触式温度传感器((株)EDOX)

67 热电偶具有极性

　　热电偶输出的电压(热电动势)是具有极性的。下面以 K 型热电偶(以下简称为 K 热电偶)为例进行说明。

　　从表 5.1 可知,K 热电偶由镍铬合金与镍铝合金构成。而且,在其构成材料栏中标有＋号和－号。其中,＋号为镍铬合金,－号为镍铝合金。于是,就像图 5.1 所示出的那样,将热电偶的镍铬合金另一端与＋极连接,镍铝合金另一端与－极连接,在 $T_1 > T_2$ 时,热电动势 $E > 0$;在 $T_1 < T_2$ 时,热电动势 $E < 0$。

　　因此,当热电偶的极性连接错误时,正的温度就会显示为负的温度。

表 5.1   热电偶的种类

热电偶的符号		测温范围/℃	热电动势/mV	优 点	缺 点	组成材料	
						＋	－
高温用	K	－ 200 ～ ＋1200	－5.89/－200℃ ＋48.828/＋1200℃	・工业上用得最多 ・耐氧化性气氛 ・线性度好	・高温还原性气氛下会劣化 ・不适于一氧化碳气和二氧化硫气体等 ・200～600℃ 时存在近程有序误差	铬 10%, 镍 90%, (铬镍耐热合金)	铝、锰等镍余量,(镍铝合金)

续表 5.1

热电偶的符号		测温范围/℃	热电动势/mV	优 点	缺 点	组成材料	
						+	−
中温用	E	−200~+800	−8.82/−200℃ +61.02/800℃	• 热电动势最大	• 不耐还原性气氛 • 电阻值大 • 存在短程有序误差	铬10%, 镍90% (铬镍耐热合金)	镍45% 铜55% (康铜)
	J	−200~+750	−7.89/−200℃ +42.28/750℃	• 热电动势大 • 耐还原性气氛	• 不耐氧化性气氛和水蒸气 • 容易生锈	铁	镍45% 铜55% (康铜)
低温用	T	−200~+350	−5.603/−200℃ +17.816/+350℃	• 常用于−200~+100℃的低温区 • 耐氧化性气氛,还原性气氛稳定	• 300℃以上时,铜被氧化	铜	镍45% 铜55% (康铜)
超高温用	B	+500~+1700	+1.241/+500℃ +12.426/+1700℃	• 可以使用到高温 • 耐氧化性气氛	• 不耐还原性气氛 • 热电动势小	铑30% 铂70%	铑6% 铂94%
	R	0~+1600	0/0℃ +18.842/1600℃			铑13% 铂87%	铂
	S	0~+1600	0/0℃ +16.771/1600℃			铑10% 铂90%	铂

68 热电偶的接点有测温接点与基准接点(需要进行冷端补偿)

热电偶的输出电压 E 与温差成正比。所谓温差,就是如图 5.1 中所示的温度接点 T_1 和 T_2 之间的温度差 $\Delta T = T_1 - T_2$。T_1 叫做测温接点(或者温度接点),T_2 叫做基准接点(或者冷接点、冷端)。

现在我们来考虑这样两种情况。

① $T_1 = 200℃$,$T_2 = 0℃$(由此可以得到 $\Delta T = 200℃$)。

② $T_1 = 300℃$,$T_2 = 100℃$(由此也可以得到 $\Delta T = 200℃$)。

这是温差 ΔT 相等,但是测温接点 T_1 温度不同的两个温度区间。

由于热电偶在温差相等的情况下,输出相同的电压(热电动势),因此在①和②的情况下应当具有相等的输出电压。一般情况下,基准接点的温度 T_2 几乎都是室温,像上述的温度区间②这样选为 100℃ 的情况几乎没有;这里是为了说明在被测温度 T_1 不同的情况下仍然可以输出相同的电压,我们才选择了这么一个不便于准确反映被测温度的基准温度值（当然，如果不是进行温度测量，而是进行温差测量，这样选择基准温度值也不是不可以）。

为了解决这种因为基准接点温度值不符合标准而不能准确反映被测温度的问题，传统的方法是将基准接点温度 T_2 固定起来。虽然从原理上来说，选择多少度的温度作为基准接点温度值都可以；但是，因为如表 5.2 所示，日本工业标准 JIS 规定的热电动势的数值都是 $T_2=0℃$ 时的值，所以还是选取符合该标准规定的基准接点温度比较方便一些。

表 5.2　热电偶的输出电压（基准接点温度为 0℃ 时）

温度 /℃	K 热电偶 /mV	J 热电偶 /mV	E 热电偶 /mV	T 热电偶 /mV
−200	−5.891	−7.890	−8.824	−5.603
−100	−3.553	−4.632	−5.237	−3.378
0	0	0	0	0
+100	+4.095	+5.268	6.317	4.277
+200	+8.137	+10.777	13.419	9.286
+300	+12.207	+16.325	21.033	14.860
+400	+16.395	+21.846	28.943	20.869
+500	+20.640	+27.388	36.999	
+600	+24.902	+33.096	45.085	
+700	+29.128	+39.130	53.110	
+800	+33.277	+45.498	61.022	
+900	+37.325	+51.875	68.783	
+1000	+41.269	+57.942	76.358	
+1100	+45.108	+63.777		
+1200	+48.825	+69.536		
+1300	+52.398			

如果采用图 5.4 所示的方法，在保温瓶中放入碎小的冰块和水，保温瓶中的温度就会恒定为 0℃。这时候需要注意的问题是，从基准接点引出的引线 C 必须是同一种金属（如都是铜丝）。如果不这样做的话，不同的引线又会形成另外一个测温接点，那就相当于基准接点的温度 T_2 不再是 0℃。基于这种理由，在采用相同的金属引线时，即使存在温度差，也不会产生热电动势。

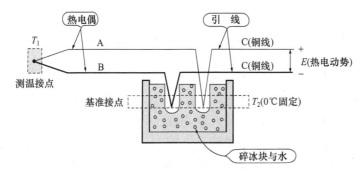

图 5.4 基准接点的补偿方法（测量时将基准接点恒定为 0℃）

然而，在采用图 5.4 所示的方法时，任何时候都必须预先准备好冰和水，因此在进行实际的测量时，非常不方便。为了解决这个问题，可以像图 5.5 所示的那样，采用从外部加上一个相当于温度 T_2 的电压（补偿电压）的措施，取代必须将基准接点温度 T_2 固定在 0℃ 的方法。如此做的结果，从外部看上去，就好像将 T_2 的温度固定在了 0℃ 一样。这种从外部给热电偶加上一个相当于温度 T_2 的电压（补偿电压）的电路叫做冷端补偿电路。

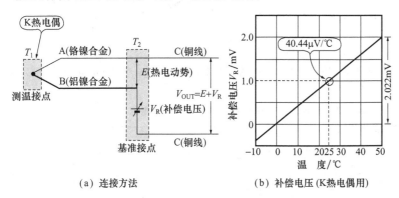

（a）连接方法　　　　（b）补偿电压（K热电偶用）

图 5.5 基准接点的电路补偿法

补偿电压如图 5.5(b) 所示，必须与所使用的热电偶具有相同的温度特性。为了达到这个目的，需要用另外的温度传感器测量基准接点的温度 T_2，并将其变换为所使用热电偶的温度特性。这样一来，为了使用热电偶测量温度，还需要用另外一个温度传感器测量其基准接点的温度 T_2，这看起来好像有点怪怪的，事实上这是为了更好地发挥热电偶的长处。虽然增加了如此高的成本，但是对于热电偶的使用来说是值得的。

补偿电压只要能够覆盖像 0～50℃ 这样位于室温附近的很窄

的一个温度范围,就足够了。

最近,在市场上已有多种类型的热电偶冷端补偿电压专用集成电路出售。图 5.6 示出的是 LT1025 型(Linear Technology Corp.)专用集成电路引线连接,表 5.3 给出了它的技术指标。从图 5.6(b)可以看到,它除了具有 10mV/℃ 的基本输出外,还备有 E 输出端(60.9μV/℃)、J 输出端(51.7μV/℃)、K/T 输出端(40.6μV/℃)和 R/S 输出端(6μV/℃)。LT1025 的温度误差如图 5.7 所示,在 0～50℃ 的温度范围内大约为 ±3℃,更高级的新型 LT1025A 的温度误差达到了 ±1℃ 的高精度。

作为可以替换使用的热电偶冷端补偿电压专用集成电路,市场上还有 Analog Devices,Inc. 生产的 AC1226 出售。

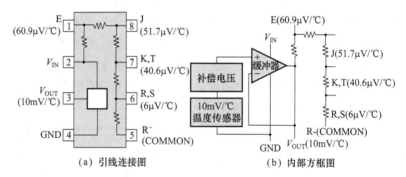

(a)引线连接图　　　　　　　(b)内部方框图

图 5.6 用于热电偶的冷端补偿器 LT1025(Linear Technology Corp.)

表 5.3 热电偶冷端补偿器 LT1025 的技术指标

		LT1025			LT1025A			单位
		最小	典型值	最大	最小	典型值	最大	
温度误差(输出 10mV/℃)($T_f=25℃$)			0.5	2.0		0.3	0.5	℃
精度	E 输出	60.4	60.9	61.6	60.6	60.9	61.3	μV/℃
	J 输出	51.2	51.7	52.3	51.4	51.7	52.1	
	K,T 输出	40.2	40.6	41.2	40.3	40.6	41.0	
	R,S 输出	5.75	5.95	6.3	5.8	5.95	6.2	
电源电流($4V \leqslant V_{IN} \leqslant 36V$)		50	80	100	50	80	100	μA
线路调整($4V \leqslant V_{IN} \leqslant 36V$)			0.003	0.02		0.003	0.02	℃/V
负荷调整($0 \leqslant I_{OUT} \leqslant 1mA$)			0.04	0.2		0.04	0.2	℃
分压电阻	E 输出		2.5			2.5		kΩ
	J 输出		2.1			2.1		
	K,T 输出		4.4			4.4		
	R,S 输出		3.8			3.8		
电源电流的变动($4V \leqslant V_{IN} \leqslant 36V$)			0.01	0.05		0.01	0.05	μA/V

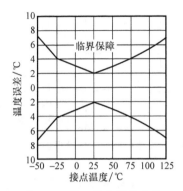

图 5.7 用于热电偶的冷端
补偿器 LT1025 的温度误差（输出 10mV/℃）

69 热电偶的线性化方法

表 5.2 已经给出了热电偶的输出电压,将其绘制成曲线则
如图 5.8 所示(这里仅绘制出了 K 热电偶和 J 热电偶)。乍一
看,它们像是线性的;但是仔细一看,会发现它们具有若干误
差。作为一个例子,图 5.9 给出了 K 热电偶的非线性误差(0
～600℃)。可以看出,它大约有－1％的温度误差。由于测温
范围较大,1％相当于 $600 \times 0.01 = 6$℃的温度误差。因此在测
量精度要求比较高的场合,有必要采用对这种非线性误差进行
补偿的线性化电路。

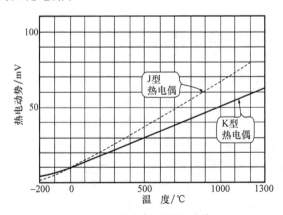

图 5.8 热电偶的热电动势

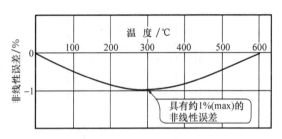

图 5.9 K 热电偶的非线性误差(0～600℃)

作为线性化电路,一般都采用折线近似电路的方法;最近开始利用由下面给出的高次多项式计算出来的数值进行线性化的方法。

设温度为 T,热电偶的热电动势 E 可以表示为:

$$E = a_0 + a_1 \cdot T + a_2 \cdot T^2 + \cdots + a_N \cdot T^N \tag{5.1}$$

式中,$a_0 \sim a_N$ 是系数。

如果实现了高次幂级数函数,那么也就制作出了线性化电路。提高幂的次数,就提高了线性化的精度,同时也就提高了制作成本,所以通常都可以近似到 2～3 次幂的程度。可以利用市场上出售的乘法运算放大器集成电路制作出式(5.1)中的 2 次方和 3 次方项。

不仅有上述模拟式的线性化方法,而且还有数字式的线性化方法。如果内部带有微机芯片,那么运算起式(5.1)来,就非常简单了。最近这种方法成为了线性化的主流。

70 当需要较长的热电偶丝时,采用补偿线利于降低成本

当热电偶与测量仪距离较远的时候,最理想的办法是把热电偶本身拉得长长的,然后与测量仪连接起来;但是这样做的结果,提高了成本。因此,使用比热电偶廉价的补偿线替代热电偶的方法。然而这样做的结果,最高使用温度约为 150℃,与不被替代的热电偶相比,最高使用温度降低了。

表 5.4 给出了补偿线的规格。补偿线中有与热电偶使用同种材料的延伸型和性能与热电偶类似的补偿型。在精度方面,延伸型更好一些;在价格方面,补偿型更便宜些。

补偿线的种类理所当然地与热电偶种类相同。例如,如果使用的是 K 热电偶,那么补偿线就必须使用 K 热电偶用的补偿线。

补偿线表面上的颜色是一种标志。如表 5.4 所示,从补偿线上的被覆颜色以及芯线上被覆的颜色,就可以知道补偿线的种类与芯线的极性。例如,K 热电偶用的补偿线表面被覆蓝色;芯线的

表 5.4　补偿线的种类与规格(JIS C1610-1981)

适用的热电偶种类 符号	旧符号	补偿线的种类 符号	旧符号	用途与误差	组成材料 +脚	组成材料 -脚	工作温度 /℃	与热电偶连接点温度 /℃	补偿线容许误差 /℃	往复线的电阻 /Ω[3]	表面颜色	芯线颜色 +	芯线颜色 -	备注
B	—	BX-G		通用型普通级	铜	铜	0~99	0~100	—[1]	0.05	灰	红	白	补偿型
R	—	RX-G SX-G		通用型普通级	铜	以铜镍为主的合金	0~90	0~150	+3[2] −7	0.1	黑	红	白	补偿型
S		RX-H SX-H		耐热型普通级			0~150							
K	CA	KX-G	WCA-G	通用型普通级	以铜镍为主的合金	镍合金	−20~90	−20~150	±2.5	1.5	兰	红	白	延伸型
		KX-GS	WCA-GS	通用型精密级			−20~90		±1.5					
		KS-H	WCA-H	耐热型普通线			0~150		±2.5					
		KS-HS	WCA-HS	耐热型精密级			0~150		±1.5					
		WX-G	WCA-G	通用型普通级	铁	以铜镍为主的合金	−20~90		±3.0					补偿型
		WX-H	WCA-H	耐热型普通级			0~150							
		VX-G	WCA-G	通用型普通级	铜	以铜镍为主的合金	−20~90	−20~100		0.8				
E	CRC	EX-G	WCRC-G	通用型普通级	以镍铬为主的合金	以铜镍为主的合金	−20~90	−20~150	±2.5	1.5	紫	红	白	延伸型
		EX-H	WCRC-H	耐热型普通级			0~150							
J	IC	JX-G	WIC-G	通用型普通级	铁	以铜镍为主的合金	−20~90	−20~150		0.8	黄	红	白	
		JX-H	WIC-H	耐热型普通级			0~150							
T	CC	TX-H	WCC-C	通用型普通级	铜	以铜镍为主的合金	−20~90	−20~150	±2.0	0.8	褐	红	白	延伸型
		TX-GS		通用型普通级			−20~90		±1.0					
		TX-H	WCC-H	耐热型普通级			0~150		±2.0					
		TX-HS		耐热型普通级			0~150		±1.0					

1) BX-G 的＋端与－端使用同种材料的芯线(铜),所以不规定容许误差。

2) 由于热电偶以及以 S 为基准的热电偶电动势特性为非线性,因此该值不表示实际的温度测量误差。

3) 适用于标称截面积为 1.25mm² 的补偿线。

被覆颜色是正极为红色,负极为白色。

在热电偶与补偿线的连接方面,使用图5.10所示的热电偶连接器比较方便。在这种连接器上有固定热电偶和补偿线用的螺钉。连接器的连接部分采用与热电偶相同的材料制作,因此可以减小因为温度变化而带来的温度误差。照片5.6示出的是补偿线的外观形貌。

照片5.6　热电偶用的补偿线

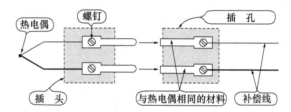

图5.10　使用热电偶专用连接器

专栏

市场上销售的热电偶连接器

在将热电偶丝与热电偶丝连接或者将热电偶丝与补偿线连接时,使用热电偶用连接器是非常方便的。由于连接器采用与热电偶相同的金属材料制成,因此可以将连接器部分产生的测量误差减到最小。连接器上备有高温用和屏蔽线用的接地线。

照片5.B与照片5.C显示的是热电偶用的连接器的外观形貌。

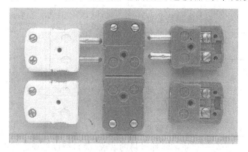

照片5.B　热电偶用的连接器(名古屋科学机器(株))

照片 5.C 小型热电偶用的连接器(名古屋科学机器(株))

在连接器中,还有可以将热电偶安装到面板上的面板固定件、可以连接多对热电偶的插头与插座以及能够用于测量旋转体温度的集流环。集流环解决了导线不容易扭曲的问题。

71 用于热电偶的放大器的制作方法

图 5.11 示出的是将热电偶电压放大的基本电路。热电偶的金属丝电阻值随着场合的不同,有时候会超过几百欧,为了不受该电阻值的影响,基本上都采用非反转型放大器电路(如果热电偶的线径比较细的话,金属丝的电阻值有时候会高达几千欧以上)。而且,如果利用非反转型放大器的输入阻抗非常高的特点,可以像图 5.11(b)那样,很简单地就可以为其增加一个热电偶烧毁报警功能(传感器断线报警功能)。

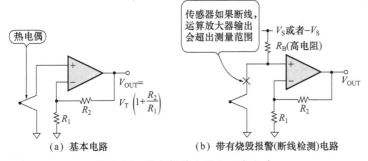

图 5.11 热电偶放大器的基本电路

该电路的增益可以表示为:

$$G = 1 + \frac{R_2}{R_1} \tag{5.2}$$

在这里,我们使用图 5.11 所示的电路,设计一个将 0～500℃

的温度转换为 0～5V 的电路*,这个电路如图 5.12 所示。

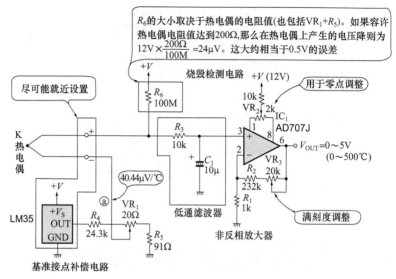

图 5.12　热电偶用放大器(输出 0～5V)

　　从表 5.1 看到,热电偶的热电动势约为 40μV/℃,数值比较小,因此就需要使用高精度的运算放大器进行运算放大。表 5.5 示出了高精度运算放大器的技术指标。这里使用的是 AD707J。

表 5.5　高精度运算放大器的特性

型　号	输入偏移电压/μV,max	输入偏移电压温漂/(μV/℃)max	输入偏置电流/nA,max	开环增益/dB,min	转换速率/(V/μs),min	GB 之积/MHz,min	生产厂商
OP07D	250	2.5	14	102	0.1	0.4	
AD707J	90	1.0	2.5	130	0.15	0.5	
OP77GP	100	1.2	2.8	126	0.1	0.4	Analog Devices, Inc.
OP177G	60	1.2	2.8	126	0.1	0.4	
AD705J	90	1.2	0.15	110	0.1	0.4	
OP97F	75	2.0	0.15	106	0.1	0.4	
LT1001C	60	1.0	4.0	112	0.1	0.4	Linear Technology, Corp.
LT1012C	50	1.0	0.15	106	0.1	0.4	

　　从表 5.2 看到,K 热电偶满刻度 500℃ 时的热电动势为 20.64mV,所以放大器必须具有的增益 G 为:

---

　　*　原书为"转换为 0℃ 5V 的电路"——译者

$$G = 5V/20.64mV$$
$$= 242$$

于是,在图 5.12 中,取 $R_1 = 1k\Omega, R_2 = 232k\Omega, VR_3 = 20k\Omega$,靠 VR_3 使得电路增益在 $G = 233 \sim 253$ 的范围内可以改变。

R_3 与 C_1 构成低通滤波器。如果加大它的时间常数,噪声滤除功能将会增强,但是响应速度将会变慢。而且,R_3 的值如果增加得太大,运算放大器的输入偏置电流就会在它上面产生偏移电压。从表 5.5 中可以看到,AD707J 的输入偏置电流为 2.5nA(最大值),在 $R_3 = 10k\Omega$ 的情况下,运算放大器将会附加一个 $2.5nA \times 10k\Omega = 25\mu V$(最大值)的偏移电压。

如果将运算放大器改换为 OP07D,根据表 5.5,运算放大器附加的偏移电压将变成 $14nA \times 10k\Omega = 140\mu V$(最大值)。因此,在 OP07D 的情况下,$R_3$ 选用更小一些的值也许会好一些。

在冷端补偿电路中,使用的是温度传感器集成电路 LM35D。该集成电路的输出为 $10mV/℃$,通过电阻分压,可以产生相当于图 5.12 中 K 热电偶热电动势的电压。表 5.6 给出了 LM35D 的技术指标。市场上出售的 Analog Devices, Inc. 生产的 TMP35 可以作为它的代用品。

表 5.6　温度传感器 LM35D 的技术指标(National Semiconductor Corp.)

工作温度范围	$0 \sim 100℃$
精度($T_a = 25℃$)	$0.6(1.5max)℃$
放大倍数达到	$10.0mV/℃$
电路电流($V_S = 5V$)	$56\mu A$
驱动电源电压	$4 \sim 30V$

72　用热电偶专用集成电路作为放大器也是方法之一

市场上有热电偶专用集成电路出售,而且种类繁多。有的其内部仅有冷端补偿电路,有的除了冷端补偿电路以外还有放大器电路,更有连线性化电路都具备的电路等,总之这类电路是林林总总,不胜枚举。

照片 5.7 和照片 5.8 给出的是热电偶专用集成电路的外观形貌。

照片 5.7 热电偶专用集成电路 AD594

（J 热电偶用，Analog Devices，Inc.）

照片 5.8 热电偶专用集成电路 AD595

（K 热电偶用，Analog Devices，Inc.）

图 5.13 给出的是使用热电偶的温度测量电路。图中使用的是 K 热电偶，所以专用集成电路使用的就是 K 热电偶专用集成电路 AD595。这种集成电路中包括了放大器和冷端补偿电路，因此只需要将它与热电偶连接起来，就可以轻而易举地得到 10mV/℃ 的输出（见图 5.14）。表 5.7 是 AD594/AD595 放大器的技术指标。

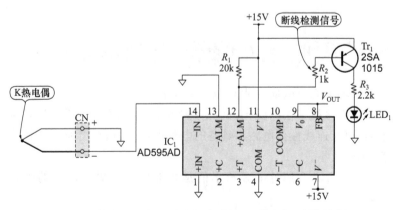

图 5.13 使用热电偶的测温电路（用于 K 热电偶，未线性化）

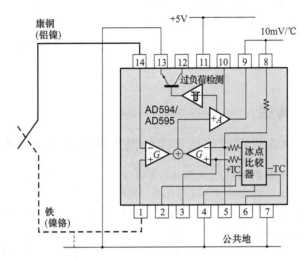

图 5.14　AD594/595 的基本连接方式

AD595 的输出电压可以表示为：

$$V_{OUT} = (K + 11\mu V) \times 247.3 \qquad (5.3)$$

另外，AD595 还带有断线监测功能，当热电偶断线或者忘记与该集成电路连接起来的时候，发光二极管就会发亮，提醒人们注意。

表 5.7　K 热电偶专用放大器 AD594/595 的技术指标

		AD594A	AD594C	AD595A	AD595C	单位
放大倍数		193.4		247.3		
输入偏移电压		(℃)×51.70μV/℃		(℃)×40.440μV/℃		μV
输入偏置电流		0.1		0.1		μA
校正误差/℃		3(max)	1(max)	3(max)	1(max)	℃
温度稳定性		0.05(max)	0.025(max)	0.05(max)	0.025(max)	℃/℃
放大倍数误差		1.5(max)	0.75(max)	1.5(max)	0.75(max)	%
输出电压灵敏度		10	10	10	10	mV/℃
电源电压	规定性能	$+V_S = +5V, -V_S = 0V$				
	工作	$-V_S \sim -V_S \leqslant 30V$				
	无负荷时的电流	$+160/-100\mu A$				

AD594 的输出电压同样可以表示为：

$$V_{\text{OUT}} = (J + 16\mu V) \times 193.4 \qquad (5.4)$$

式(5.3)和式(5.4)的偏移电压(11μV 和 16μV)是为了将
25℃时的特性调整为最佳状态而产生的。在 AD594 和 AD595
中,25℃时的输出电压通过微调而实现了 $V_{\text{OUT}} = 250\text{mV}$。

专栏

初学者也可以简单使用的温度传感器集成电路

温度传感器集成电路是将温度传感器与电子电路封装在同一个小型的
外壳内而构成的,需要的外围元器件少,初学者也可以简单地使用。在这类
温度传感器集成电路中,几乎都是传统的模拟输出型的,但是最近也增加了
一些数字输出型的。

最近的温度传感器在更低的电压、更小的消耗电流下就可以工作了,在
温度精度方面也得到了改善。特别是在实现测量温度高精度方面,重要的是
实现了电路无调整化。之所以这样说,是因为如果需要进行温度调整的话,
就必须有恒温槽;为了达到线性化,还必须进行两个温度点的反复调整,整个
工作十分麻烦。

在改良型的温度传感器中,有的在集成电路的内部带有加热器,从而具
备了空气流速(风速)检测功能;还有的具有温度控制功能。

照片 5.D 示出的是集成化温度传感器的外观形貌。

照片 5.D   集成化温度传感器 AD22100
(Analog Devices,Inc.)

第6章
湿度传感器

湿度的大小一般用相对湿度表示。相对湿度 H 用空气中的水蒸气压力 P 与相同空气中相同温度下饱和水蒸气压力 P_s 之比来表示,其关系式如下,即

$$H = \frac{P}{P_s} \times 100(\%) \qquad (6.1)$$

虽然水蒸气的压力在自然界中有6位数字的变化,但是空调等设备中只要有 $20\% \sim 100\%$ 的检测范围就足够了。相对湿度(Relative Humidity)使用英文字头 RH 来表示,也可以用 RH% 表示。

与相对湿度相对应的是绝对湿度,绝对湿度表示的是单位体积中水蒸气的质量。如果气体的体积为 $V(\text{m}^3)$,该体积中所含水蒸气的质量为 $M(\text{g})$,绝对湿度 D 就可以表示为:

$$D = M/V(\text{g/m}^3) \qquad (6.2)$$

因此,在湿度传感器中,有用于检测相对湿度的相对湿度传感器和用于检测绝对湿度的绝对湿度传感器。

除此之外,在湿度传感器中,还有用于检测物体的表面是否附着有水蒸气凝结成的水滴的传感器,即所谓检测是否凝结了露水的结露传感器。结露传感器应用于摄像机和传真机等设备的结露检测等领域中。

结露传感器是在有露水凝结的高湿度场合下,能够感知到电阻值大幅度变化的传感器,可以在相对湿度为 $94\% \sim 100\%$ 的场合下使用。当相对湿度达到 94% 以上时,电阻值产生开关式的上升,因此,可以高灵敏度而又准确地检测出结露状态。而且,在湿度传感器的场合下,通常都是用交流电压供电;而在结露电传感器的场合下,可以用直流电压驱动,因此其驱动电路的特点就是结构简单。

73 电路简单的电阻值变化型相对湿度传感器

电阻值变化型相对湿度传感器是一种通用型相对湿度传感器,

它在感湿部分使用的是高分子材料。感湿部分由外壳和多孔性薄膜保护着,所以经久耐用。

通常,相对湿度传感器的使用湿度范围都是 20％～95％(但不可凝结露水)。高耐水性的湿度传感器可以在 20％～100％的相对湿度下使用,因此即使是像农业上的塑料大棚和洗澡间的换风扇之类有露水凝结的环境条件下也可以应用。

由于它属于电阻值变化型,因此只需要比较简单的电路就行了。

照片 6.1～照片 6.3 是电阻值变化型相对湿度传感器的外观形貌。

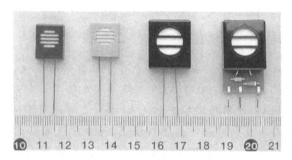

照片 6.1　通用型湿度传感器 HS12/HS15 系列

照片 6.2　湿度传感器单元 HU10 系列的感湿面

照片 6.3　湿度传感器单元 HU10 系列的元器件部分

74 需要进行清洁处理的陶瓷型相对湿度传感器

一般情况下,如果湿度传感器长时间处于高湿度环境条件下,性能就会劣化。为了能够进行重复性良好的相对湿度测量,必须定期进行清洁处理。陶瓷型湿度传感器的感湿部位即使被污染,由于传感器部分由氧化物半导体制作而成,只要加热到几百摄氏度就可以达到清洁的目的,感湿部位就可以复原了。图 6.1(c)给出了传感器的内部电路。

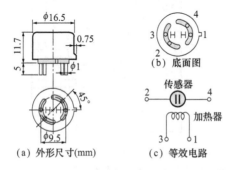

图 6.1　陶瓷型湿敏传感器的外形尺寸与内部电路 HS30

作为感湿部位(氧化物半导体)可以利用厚膜印刷技术制作,从而实现了小型化,达到低消耗电流驱动的目的。

照片 6.4 是陶瓷型相对湿度传感器的外观形貌。

照片 6.4　陶瓷型湿度传感器 HS30

75 具有线性特性的电容量变化型相对湿度传感器

电容型相对湿度传感器的感湿部分使用的是聚合物薄膜。与上述的电阻值变化型相对湿度传感器的特性对应于相对湿度呈现出非线性相比,而这种电容型相对湿度传感器的特性却是线性的,因此这种传感器几乎在所有的应用中都不需要线性化电路。

而且,这种相对湿度传感器对于湿度的变化响应速度快,抗结露性强,耐腐蚀性好,即使在最高温度为180℃的环境气氛中也可以工作。图6.2给出的是它对于湿度的响应特性。这种湿度传感器与电路一体化的传感器也已经制作出来了。

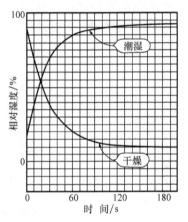

图6.2　电容量变化型湿敏传感器(小型两只封装)的响应特性

照片6.5示出的是电容量变化型相对湿度传感器的外观形貌,照片6.6是其内部状况。

照片6.5　电容量变化型湿度
传感器小型管状2
(Japan Panametrics)

照片6.6　小型管状2
(Japan Panametrics)的内部

76　利用自加热型热敏电阻器制作的绝对湿度传感器

使用小体积自加热型热敏电阻器为探头的绝对湿度传感器,利用了潮湿空气与干燥空气之间的热传导之差,进行绝对湿度的测量。而且具有稳定,耐高湿,响应快,没有滞后特性等优点。

　　将传感器罩在金属网内的结构使其能够经受得起 200℃ 的高温,所以在电子炉灶中也可以应用。绝对湿度传感器与电路一体化的微型组件也已经制作出来了。

　　照片 6.7～照片 6.10 是绝对湿度传感器的外观形貌。

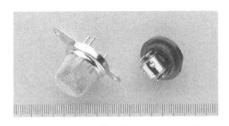

照片 6.7　绝对湿度传感器 HS-5((株)芝浦电子)

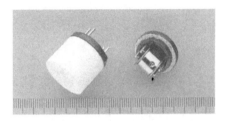

照片 6.8　绝对湿度传感器 HS-6((株)芝浦电子)

照片 6.9　烘箱用绝对湿度传感器 HS-11((株)芝浦电子)

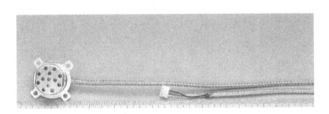

照片 6.10　绝对湿度传感器单元 CHS-1 与 CHS-2((株)芝浦电子)

第7章
气体传感器

气体传感器是用于检测甲烷和丙烷气体等可燃性气体,一氧化碳、硫化氢等有毒气体,以及酒精等各种气体浓度的传感器。其检测方式虽然有多种多样的形式,但是出于使用时的方便程度和寿命等因素的考虑,半导体型气体传感器使用得最为普遍。可燃性气体传感器大量地应用于城市煤气和液化石油气等家用燃气泄漏报警装置中,所以大家应该曾经见到过。

对酒精敏感的传感器,广泛地应用于检测汽车司机呼出气体内酒精浓度含量的酒精浓度监测器中和啤酒厂的生产线中。

最近,带有烟尘传感器的家用空气清洁器,以及能够监测做饭时产生的气体的高级电子炉灶在市场上也可以买得到了。还有,能够监测臭味的传感器有的尚处于研制阶段,有的则已经商品化。

77 半导体型气体传感器的原理

半导体型气体传感器如图 7.1 所示,如果使传感器的温度保持在 400℃ 的高温,自由电子就会透过 SnO_{2-x}(氧化锡)颗粒的粒界而流动。在清洁的空气中,氧化锡的表面吸附氧。由于氧具有电子亲和力,自由电子被俘获,在粒界间形成势垒。其结果使得传感器的电阻值增加了。

如果在环境气氛中存在可燃性气体之类的还原性气体,就会如图 7.1(c)所示,该气体与处于吸附状态的氧发生反应,使得吸附的氧减少。其结果造成势垒高度的降低,电子的移动变得容易,传感器的电阻值减小。如此一来,半导体型气体传感器就可以根据电阻值的变化来确定被检测气体的浓度了。

然而,环境气氛中的气体与吸附氧的反应,会因为传感器探头的温度和传感器的材料而改变。因此,只有将传感器的温度(也就是加热器的温度)与传感器的材料适当组合,才能够制作出合乎用途要求的传感器。

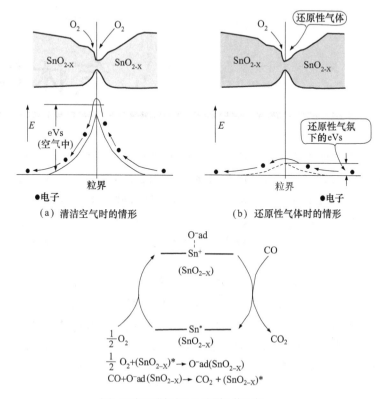

（a）清洁空气时的情形　　　　　　　　（b）还原性气体时的情形

（c）CO与吸附氧在SnO₂表面上的反应

图 7.1　气敏传感器的工作原理

78 最常见的通用型气体传感器

通用型气体传感器在检测气体的探头部分使用的是以 SnO_2（氧化锡）为主要成分的金属氧化物半导体材料。环境气氛中如果存在还原性气体成分,测气探头的电阻值就会下降,所以可以检测各种还原性气体。

测气探头对于各种气体的灵敏度取决于探头上所带有的加热器的温度。例如,在一氧化碳气的情况下,适合 100℃ 以下的温度;然而,由于探头容易受到环境气氛中水分的影响,因此必须将它反复地加热到高温/低温状态使用。为了达到这个目的,也可以使用市场上出售的专用集成电路。

照片 7.1～照片 7.4 示出的是各种气体传感器的外观形貌。

照片 7.1 用于有机溶剂的气体传感
器 TGS822(Figaro Engineering Inc.)

照片 7.2 液化石油气传感器
TGS109(Figaro Engineering Inc.)

照片 7.3 氢传感器 TGS821
(Figaro Engineering Inc.)

照片 7.4　一氧化碳传感器 TGS203
（Figaro Engineering Inc.）

79　耗电量小的省电型厚膜气体传感器

利用厚膜印刷技术可以实现气体传感器的小型化，由此而可以降低加热器（位于传感器的内侧）的耗电量。

在一块基片上形成多种气体传感器的复合传感器，能够达到利用一个传感器检测多种气体的目的。用这种方法可以大批量地工业化生产高精度的传感器。

照片 7.5～照片 7.7 给出了节电型厚膜气体传感器的外观形貌。

照片 7.5　节电型厚膜气体传感器 TGS26 系列与 TGS24 系列（Figaro Engineering Inc.）

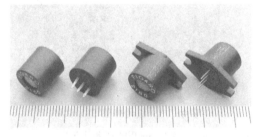

照片 7.6　节电型厚膜气体传感器 TGS21 系列
（Figaro Engineering Inc.）

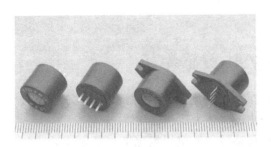

图 7.7   节电型厚膜气体传感器 TGS22 系列

（Figaro Engineering Inc.）

80   操作简便的原电池型氧传感器

原电池型氧传感器* 由氧–铅电池构成。这种氧–铅电池以金电极构成的氧电极为正极，铅电极为负极，以酸性溶液为电解液。

透过非多孔性氟树脂隔膜进入原电池的空气中的氧，在金电极上被电解还原。其结果就会在电极间流过与氧气浓度成比例的电流。用电阻器检测该电流，就可以以电压的形式输出。

原电池型氧传感器的寿命取决于铅电极在电解液中的溶解度，因此使用氢氧化钾之类的碱性水溶液作为电解液的传感器具有寿命短的缺点。但是，使用酸性电解液的氧传感器寿命就比较长，还具有在常温下可以使用的特点。

在原电池型氧传感器内部备有自动校准功能和报警功能的专用集成电路。

照片 7.8 给出了原电池型氧传感器的外观形貌。

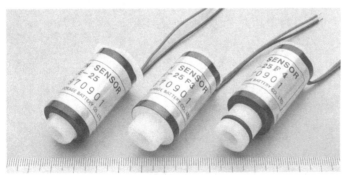

照片 7.8   原电池型氧传感器 KE-25 系列

（日本电池（株））

* 国内有人称之为"化学氧传感器"。——译者注

81 汽车用的空燃比传感器

根据汽车排气规则,必须控制汽车的空燃比(空气与燃料之比),使其排出的气体为清洁的气体。

空燃比传感器一般使用氧化锆和氧化钛等材料,它利用的是固体电解质的氧离子导电性。不管是哪一种空燃比传感器,其特征都是在空气过剩率的某一点上输出的变化为最大值(即不以线性特性输出)。

除了通用型的空燃比传感器之外,还有带有加热器型的汽车空燃比传感器以及绝缘型的汽车空燃比传感器等类型。

照片7.9示出的是空燃比传感器的外观形貌。

照片7.9 空燃比传感器——氧化锆氧传感器
(日本特殊陶瓷业(株))

第8章
磁敏传感器

磁敏传感器顾名思义,就是检测磁性(磁场强度)的传感器。目前能够买得到的磁敏传感器有以下几种:

① 利用霍尔效应的霍尔器件。

② 霍尔器件与放大器电路封装在一起的霍尔集成电路。

③ 利用磁阻效应的磁敏电阻器(MR)。

④ 使用 B-H 特性曲线为矩形的铁心制作成的磁通量闸门型(磁调制型)磁敏传感器等。

磁通量闸门型磁敏传感器的名字很少听得到,但是它却具有很高的灵敏度,因此可以用于检测地磁场等场合。

82　霍尔器件的最大特点是能够得到线性输出电压

如图 8.1 所示,霍尔器件是一种 4 端器件。如果在输入 1 与输入 2 之间流过输入电流 I_{IN},并施加如图所示的磁场 B,就会在霍尔器件的输出 1 与输出 2 之间产生输出电压 V_H。该电压称为霍尔电压。霍尔电压可以表示为:

$$V_H = K \cdot I_{IN} \cdot B \qquad\qquad (8.1)$$

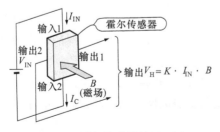

图 8.1　霍尔传感器的原理图

式(8.1)中的常数 K 叫做磁敏感度*,当输入电流 I_{IN} 的单位为 mA,磁场强度 B 的单位为 GS,霍尔电压 V_H 的单位为 mV 时,K 的单位为(mV/(mA·GS))。

霍尔器件的材料有 InSb(锑化铟)、GaAs(砷化镓)和 Si(硅)等。目前,经常使用的霍尔器件是用 InSb 和 GaAs 制作而成的,Si 则用于霍尔器件与放大器电路封装在一起的霍尔集成电路。

特别是 GaAs 霍尔器件在恒电流工作时灵敏度的温度系数小,其输出电压对应于磁场强度的线性度好,高频特性也很优良。其输出电压比 InSb 小,不过最近市场上也有高灵敏度的 GaAs 霍尔器件出售了。

照片 8.1 和照片 8.2 示出了霍尔器件的外观形貌。

照片 8.1 霍尔器件
THS119((株)东芝)

照片 8.2 ESPO 封装的
霍尔器件((株)东芝)

83 任何人都可以简单使用的霍尔集成电路

霍尔集成电路是将霍尔器件与放大器电路集成化了的磁敏传感器,属于只要接上电源就可以使用的十分方便的传感器。使用它也有利于设备的小型化。

根据输出方式的不同,可以分为模拟输出型和数字输出型。利用模拟输出型可以得到与磁场成比例的输出电压,利用数字输出型可以得到开关信号。

单片型霍尔集成电路是用 Si(硅)半导体制作成的单片型集成电路,双片型霍尔集成电路是用 InSb 制作成的霍尔器件和用 Si 制

---

*在《传感器实用电路的设计与制作》(梁瑞林译,科学出版社 2005 年 2 月出版)中曾经叫做"霍尔系数",这两本书的原文即如此。——译者注

作成的放大器电路构成的混合集成电路。现在的状况是,几乎所有的霍尔集成电路都是数字输出型的,模拟输出型的品种非常少。

照片 8.3 示出的是霍尔集成电路的外观形貌。

照片 8.3 霍尔集成电路
DN6845S(松下电子工业(株))

84 灵敏度非常高的半导体磁敏电阻

磁敏电阻器包括使用 InSb 材料制作的半导体磁敏电阻器与使用 CoNi(镍钴合金)强磁性材料制作的强磁性材料磁敏电阻器。它们统称为 MR(Magnetic Resistor)器件。半导体磁敏电阻器是一种利用磁阻效应(电阻值随着磁场强度的大小而变化的现象)的磁敏传感器。半导体磁敏电阻器的形状是一种横方向更宽一些的矩形器件,如图 8.2 所示,这是因为横方向更宽一些的矩形器件灵敏度高(这叫做形状效应)。虽然如此,其电阻值仍然偏小,使用起来很不方便,于是就用几十个这样的磁敏电阻串联起来,以获得预

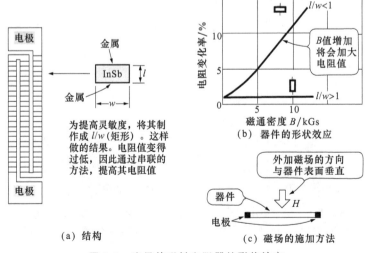

图 8.2 半导体磁敏电阻器的形状效应

期的电阻值。因为磁敏电阻器是一种电阻值变化型的传感器,所以通常都将它连接成桥式电路使用。另外,由于半导体磁敏电阻器在零磁场强度附近没有灵敏度,因此将它与永久磁铁组合起来,在偏置磁场下使用。如图 8.3 所示,这样做的结果,可以得到单用霍尔器件时的 10 倍以上的灵敏度。

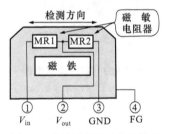

图 8.3　磁性识别传感器的结构

利用这种高灵敏度,可以制作成磁性识别传感器和磁敏电阻器式角度传感器。

照片 8.4～照片 8.9 示出的是半导体磁敏电阻器的外观形貌。

照片 8.4　使用磁敏电阻器的磁性识别传感器
((株)村田制作所)

照片 8.5　单相输出旋转
传感器((株)村田制作所)

照片 8.6　带有基准电压
输出的 2 相输出旋转传感器
((株)村田制作所)

照片 8.7 4 相旋转传感器
((株)村田制作所)

照片 8.8 角度传感器
((株)村田制作所)

照片 8.9 内部带有温度补偿电路
的角度传感器((株)村田制作所)

85　适于数字化应用的强磁性材料的磁敏电阻器

　　强磁性材料磁敏电阻器是一种利用电流磁阻效应的传感器。与其相对应的上述半导体磁敏电阻器,是一种利用各向异性磁阻效应的传感器。出于这种原因,在半导体磁敏电阻器中,电阻值与磁场强度成正比;而在强磁性材料磁敏电阻器中,电阻值与磁场强度成反比。而且,如图 8.4 所示,在几十至几百高斯的磁场强度下,强磁性材料磁敏电阻器将会达到饱和。

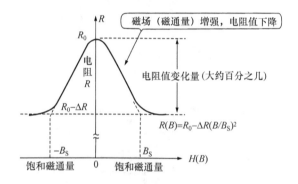

（a）电阻-磁场特性

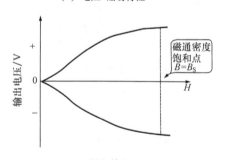

（b）磁场-输出特性

图 8.4　强磁性材料磁敏电阻器的输出电压

　　根据这种性质,可以说强磁性材料磁敏电阻器适合于数字化应用。

　　照片 8.10～照片 8.12 示出了强磁性材料磁敏电阻器的外观形貌。

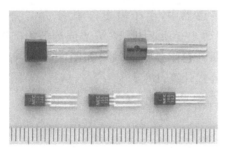

照片 **8.10**　强磁性材料磁敏电阻器
（日本电气（株））

照片 **8.11**　强磁性材料磁敏电阻器
MRSM81T（日本电气（株））

照片 **8.12**　强磁性材料磁敏电阻器
MRSS95（日本电气（株））

86　可检测地磁场的磁通量闸门型(磁场调制型)磁敏传感器

　　如图 8.5 所示,用励磁线圈使高导磁率的铁心饱和。在没有
外磁场的状态下,检测线圈的半周周期是相等的;然而,在有外磁
场的状态下,某个半周期会快速达到饱和。于是就可以将其作为
信号处理。在磁场方向相反的场合下,就可以得到与上述情况相
反符号的信号。

在地磁场传感器中,由于需要检测 X 方向和 Y 方向的地磁场,因此需要如图 8.5 所示,既要有 X 成分的检测线圈,也要有 Y 成分的检测线圈。它们各自的输出如图 8.5(b)所示,其方位角 θ 可以用下面的公式计算,即

$$\theta = \arctan\frac{(Y\ \text{输出})}{(X\ \text{输出})} \tag{8.2}$$

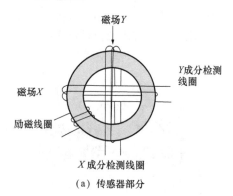

(a) 传感器部分

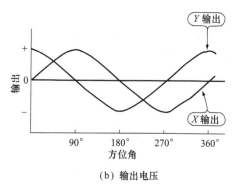

(b) 输出电压

图 8.5　磁通量闸门型地磁场传感器的结构

87　可看见充磁状态的充磁薄膜

在进行磁学实验时,以及在开发与磁性相关联的产品时,往往希望能够知道它的充磁状态。这时候,使用起来比较方便的就是充磁薄膜。

充磁薄膜是将对磁性敏感的细磁粉附着在薄膜上,就可以用肉眼观察到充磁图形,显示出感知磁性的 N 极与 S 极的边界。

感应磁场大约为 10Gs,充磁间隔为 0.5mm(最小值)。

照片 8.13～照片 8.15 示出的是充磁薄膜的外观形貌。

照片 8.13 磁性检视器(感应磁场：
10Gs,充磁间隔：0.5mm,薄片尺寸(样品)：
150mm×300mm,Kantopulse Co.,Ltd.)

照片 8.14 磁式编码器的充磁图形
(Kantopulse Co.,Ltd.)

照片 8.15 强磁性材料的充磁图形
(Kantopulse Co.,Ltd.)

88　GaAs 霍尔器件宜选用恒电流驱动,InSb 霍尔器件则是恒电压驱动

霍尔器件的驱动方式一般有恒电压驱动和恒电流驱动两种模式。GaAs 霍尔器件最好用恒电流驱动,如图 8.6(b)所示,这是因为霍尔电压 V_H 的温度系数比较小,仅有 $-0.06\%/℃$。

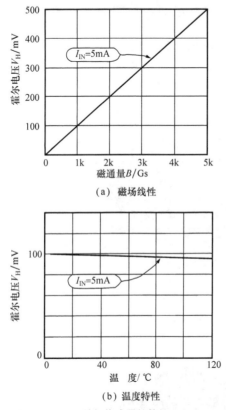

（a）磁场线性

（b）温度特性

图 8.6　GaAs 霍尔传感器的特性(THS118)

但是,在 InSb 霍尔器件的情况下,事情就变得稍微复杂了一些。之所以这么说,从图 8.7(b)可以看到,其霍尔电压 V_H 的温度系数在恒电压驱动条件下比较小;但是,从图 8.7(a)可以看到,其霍尔电压 V_H 对应于磁场强度特性曲线的线性就变差了。这是因为 InSb 霍尔器件的磁阻效应比较大。由于这种大磁阻效应的存在,磁场越强,电阻值就变得越大,霍尔器件的输入电流 I_{IN} 减小得就越厉害。如果是采用恒电流驱动的话,I_{IN} 就可以保持恒定,于是就可以收到输入电流 I_{IN} 不受磁阻效应影响的效果。

但是,InSb 霍尔器件根据用途的不同,又分为恒电压驱动和

恒电流驱动两种模式。

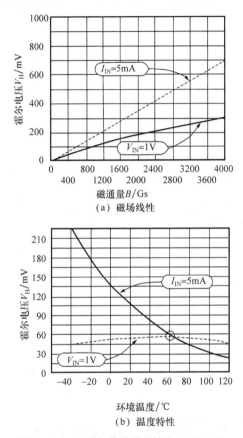

（a）磁场线性

（b）温度特性

图 8.7 InSb 霍尔传感器的特性（HW302C）

然而,即使在恒电压驱动下,输出电压对应于磁场强度的线性仍然良好的 InAs(砷化铟)霍尔器件在市场上也有出售了(旭化成电子公司的 HZ 系列)。

表 8.1 给出了霍尔器件的技术指标。

表 8.1 霍尔器件的技术指标

型　号	输出电压 /mV	偏移电压 /mV	输入电阻 /Ω	工作温度 范围/℃	生产 厂家	备　注
HW302C	31~74 (1V,500Gs)	±7	240~550	−40~+110	旭化成 电子	InSb, V_H 温度系数 −2%/℃(max)(恒电压驱动)
HW300B	122~274 (1V,500Gs)	±7	240~550	−40~+110		InSb, V_H 温度系数 −0.2%/℃(max)(恒电压驱动)
HZ106C	160~290 (6V,1kGs)	±10%	320~480	−55~+125		InSb, V_H 温度系数 −0.2%/℃(max)(恒电压驱动)

续表 8.1

型 号	输出电压 /mV	偏移电压 /mV	输入电阻 /Ω	工作温度 范围/℃	生产 厂家	备 注
OH008	80～130 (6V,1kGs)	±19	750	−55～+125	松下电子 工业	GaAs, V_H 温度系数 −0.006%/℃(max)(恒电压驱动)
OH017	145～215 (6V,1kGs)	±19	3k～6.5k	−55～+125		GaAs, V_H 温度系数 −0.006%/℃(max)
OH018				−55～+125		
THS117	55～140 (5mA,1kGs)	±10%	450～900	−55～+125	东芝	GaAs, V_H 温度系数 −0.006%/℃(max)
THS118				−55～+125		
THS119				−55～+125		
THS121	80～190 (5mA,1kGs)	±10%	450～900	−55～+125	东芝	GaAs,高灵敏度型
THS122				−55～+125		
THS123				−55～+125		
THS124	130～170 (5mA,1kGs)	±5%	1000～1500	−55～+125	东芝	GaAs,低偏移电压型
THS125				−55～+125		
THS126				−55～+125		
THS128	130～170	±10	1600～2400	−55～+125	东芝	GaAs,高输入电阻型
THS129				−55～+125		
THS130				−55～+125		

89 霍尔器件的温度补偿电路

　　GaAs 霍尔器件具有输出电压(即所谓霍尔电压)的温度系数小的特点,所以被广泛地应用于磁场测量领域;虽然如此,它毕竟还有一个最大为 −0.06%/℃(恒电流驱动时)的温度系数。在某些应用场合下,希望这个温度系数能够变得更小些,可以满足这方面要求的电路就是下面将要介绍的温度补偿电路。

　　说到温度补偿,通常如图 8.8(a)所示,需要另外准备一个温度传感器进行温度补偿;但是,这个电路的一大特征是把霍尔器件本身看作温度传感器,进行温度补偿。

　　图 8.8(b)示出了满足这种要求的温度补偿电路。如果没有电阻 R_2,运算放大器 A_1 仅起到一个缓冲器的作用,而运算放大器 A_2 则作为电压-电流变换器(由于电压 V_1 是固定的,所以就是一个恒电流电路)使用。但是由于有电阻 R_2 的存在,霍尔器件的端电压 V_3 的一部分被正反馈,补偿了霍尔器件所具有的负的温度系

数。这是由于霍尔器件的内阻具有正的温度系数（大约为 0.3%）。

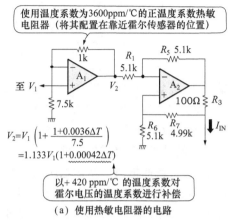

使用温度系数为3600ppm/℃的正温度系数热敏电阻器（将其配置在靠近霍尔传感器的位置）

$$V_2=V_1\left(1+\frac{1+0.0036\Delta T}{7.5}\right)$$
$$=1.133V_1(1+0.00042\Delta T)$$

以+420 ppm/℃ 的温度系数对霍尔电压的温度系数进行补偿

（a）使用热敏电阻器的电路

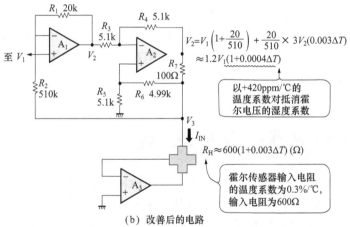

$$V_2=V_1\left(1+\frac{20}{510}\right)+\frac{20}{510}\times 3V_2(0.003\Delta T)$$
$$\approx 1.2V_1(1+0.0004\Delta T)$$

以+420ppm/℃的温度系数对抵消霍尔电压的湿度系数

$$R_H\approx 600(1+0.003\Delta T)\ (\Omega)$$

霍尔传感器输入电阻的温度系数为0.3%/℃，输入电阻为600Ω

（b）改善后的电路

图8.8　霍尔电压的温度补偿电路

霍尔器件的内阻 R_H 可以表示为：

$$R_H=600\Omega(1+0.003\times\Delta T) \tag{8.3}$$

由表8.1可知，THS119的内阻分散在 $450\sim 900\Omega$ 之间，在这里为了方便起见，仅取了一个 600Ω。

因为霍尔器件中流过的电流 I_{IN} 为：

$$I_{IN}=-\frac{V_2}{R_7}=\frac{V_2}{100\Omega}$$

所以，霍尔器件的端电压 V_3 最终为：

$$V_3=I_{IN}\cdot R_H/2$$
$$=(-V_2/100\Omega)\times 600\Omega(1+0.003\times\Delta T)/2$$

$$= -3(1+0.003 \times \Delta T)V_2$$

于是,就可以得到运算放大器 A_1 的输出电压 V_2,

$$V_2 = (1+R_1/R_2)V_1 - (R_1/R_2)V_3$$
$$= (1+20\text{k}\Omega/510\text{k}\Omega)V_1 + 3(20\text{k}\Omega/510\text{k}\Omega)$$
$$(1+0.003\Delta T)V_2$$
$$= 1.04V_1 + 0.118(1+0.003 \times \Delta T)V_2 \tag{8.4}$$

整理式(8.4),得到 V_2 为:

$$V_2 = 1.18(1+0.0004 \times \Delta T)V_1 \tag{8.5}$$

其温度系数变为了 $+0.04\%/℃$ 。

这样做的结果,使得霍尔器件中流过的电流具有 $+0.04\%/℃$ 的温度系数,由此而抵消了霍尔电压的负的温度系数。

这里是按照 600Ω 计算的,但是实际上霍尔器件的内阻分散性非常大,像从 $450\sim900\Omega$ 这样如此分散的电阻值,仅靠上述的计算数据未必能够将每一个霍尔器件的电压负的温度系数恰好抵消掉。不过,由于 I_{IN} 的温度系数可以利用 R_1(或者 R_2)进行调整,因此最好将 R_1(或者 R_2)选取适合霍尔器件内阻的电阻值。

90　霍尔器件的同相电压消除电路

通常在霍尔器件中存在着一个大小为霍尔电压一半的同相电压。于是,一般都像图8.9(a)那样,利用差动放大器进行放大。但是,在差动放大器中,需要选取配对电阻器,稍微给电路的制作带来了一些麻烦。因此,下面就介绍一下图8.9(b)所示的电路。

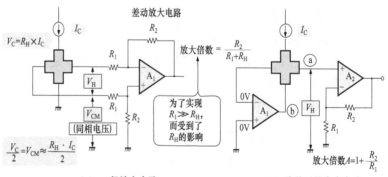

(a) 一般放大电路　　　　　　(b) 改善后的广大电路

图 8.9　霍尔器件的放大电路

该电路使用运算放大器 A_1 抵消霍尔器件的同相电压。由于运算放大器 A_1 的非反转输入连接到了 0V 上,因此如果 A_1 能够正常工作的话,反转输入也应当为 0V。反转输入与霍尔器件的输出端相连接,其结果就可以从霍尔器件的另一个输出端ⓐ得到以 0V 为基准的霍尔电压 V_H。

于是,运算放大器 A_2 就没有必要是差动放大器了,它无论是非反转放大器,还是反转放大器都无关紧要。其中,将其制作成非反转放大器,霍尔器件的内阻 R_H 将会不影响放大器的增益。

在该电路中,不仅可以连接霍尔器件,就连压力传感器这类的 4 引出端型传感器也能够连接进去,得到很好的应用,所以是一种很方便的电路。

91 运算放大器的漂移电压消除电路

霍尔器件的输出电压充其量只有几十毫伏左右,所以通常都需要使用高精度的运算放大器进行放大。使用高精度的运算放大器,即使不进行调整,也可以制作出令人满意的电路。人们希望的恰好就是,如果可能的话就尽可能地不进行调整。

这里就准备介绍如图 8.10 所示的电路。该电路利用模拟开关对输入电流 I_{IN} 和放大后的霍尔电压进行切换,从而抵消掉运算放大器的漂移电压。

图 8.10(b)示出了各部位的波形。放大后的电压 V_1、V_2、V_{OUT} 分别为:

$$V_1 = [(A \cdot V_H + V_{OS})T_1 + (-A \cdot V_H + V_{OS})T_2]/(T_1 + T_2)$$
$$V_2 = [(A \cdot V_H + V_{OS})T_1 - (-A \cdot V_H + V_{OS})T_2]/(T_1 + T_2)$$
$$= [A \cdot V_H(T_1 + T_2) + V_{OS}(T_1 - T_2)]/(T_1 + T_2)$$
$$V_{OUT} = \overline{V_2} \tag{8.6}$$

式中,A 是增益;V_{OS} 是运算放大器的漂移电压。

在这里,我们选取 $T_1 = T_2$(通过分频器选取),则有

$$V_{OUT} = A \cdot V_H \tag{8.7}$$

漂移电压项被彻底地消除了。

实际上,在该电路中,不仅运算放大器的漂移电压,就连霍尔器件的热电动势也一起被消除了。霍尔器件本身的漂移电压通常

叫做不平衡电压。霍尔器件的输入电流(也称为控制电流)如果发生反转,不平衡电压的极性也跟着反转。

但是,所谓的热电动势是因为半导体材料的结晶不完整性等因素而展现出来的直流电压,它的极性不会随着输入电流方向的变化而改变。

一般情况下,通过筛选可以得到不平衡电压小的霍尔器件。但是,上述的热电动势属于材料本身的问题,筛选对它而言将无济于事。

因此,需要通过电路的方法将这种热电动势除去。所幸的是,最近的霍尔器件都降低了这种热电动势,也许对于热电动势就不需要那么操心了。

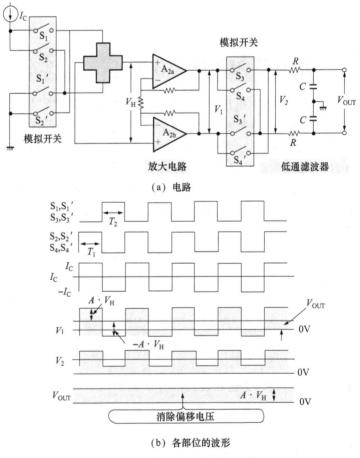

(a) 电路

(b) 各部位的波形

图 8.10 偏移电压的消除电路

92 将多个霍尔器件简单地连接在一起时的霍尔电压加法电路

在下面将要介绍的 3 相功率计中,需要将霍尔电压加在一起。将霍尔电压一个个地放大后再行相加自然可以;但是这样做的结果增加了元器件的个数。因此,图 8.11 的电路是一个简单的电路。它进一步地发展了上述的图 8.10 的电路。

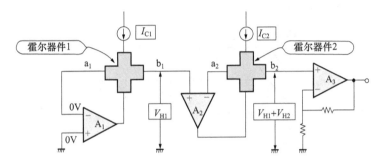

图 8.11 霍尔电压的加法电路

在该电路中,运算放大器 A_1 的反转输入与 0V 相连,其反转输入自然也就是 0V 了。A_1 的反转输入与霍尔器件 1 的输出端 a_1 连接在一起,所以从霍尔器件 1 的另一个输出端 b_1 就可以得到以 0V 为基准的霍尔电压 V_{H1}。

接下来,霍尔器件 1 的输出端 b_1 与运算放大器 A_2 的非反转输入相连接,而其反转输入与霍尔器件 2 的输出端 a_2 连接在一起。于是,在霍尔器件 2 的另一个输出端 b_2 就可以得到霍尔器件 1 与霍尔器件 2 的霍尔电压之和 $V_{H1}+V_{H2}$。

这里举的例子是两个霍尔器件时的情况;但是,采用同样的电路连接方式,即使几十个霍尔器件相连接也是可以的。

93 GaAs 霍尔器件在单相功率计方面的应用

一般情况下,所谓的功率计,从图 8.12 可以看到,分为模拟乘法方式和数字乘法方式。如图 8.13 所示,在频率为 f、周期为 T、时间为 t 的情况下,作为电压和电流分别为 $u(t)$ 和 $i(t)$ 的信号,其平均功率 P 可以表示为:

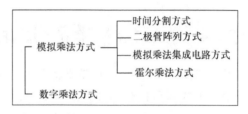

图 8.12 功率计的电路方式

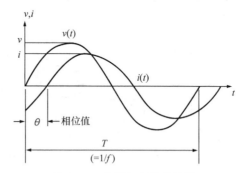

图 8.13 电压与电流的波形

$$P = \frac{1}{T}\int_0^T v(t) \cdot i(t)\mathrm{d}t \qquad (8.8)$$

在 $v(t)$ 和 $i(t)$ 都是正弦波的情况下,式(8.8)可以改写为:

$$P = (V \cdot \frac{I}{2})\cos\theta \qquad (8.9)$$

利用模拟乘法集成电路,可以实现式(8.9)的运算,因此这种方式叫做模拟乘法方式。

与上述方法相对应的是,最近有一种技术,它是将电压 $u(t)$ 和电流 $i(t)$ 分别通过模数转换器变为数字信号后,再利用微型计算机或者单板机进行数字式的乘法运算。这种方法叫做数字乘法方式。

假设在 t_k 时刻,$v(t)$ 和 $i(t)$ 经模数转换后的数据信号分别为 $v'(t)$ 和 $i'(t)$,那么平均功率的计算值 P' 就是

$$P' = \frac{1}{N}\sum_{k=0}^{n-1} v'(t_k) \cdot i'(t_k) \qquad (8.10)$$

式(8.8)与式(8.10)的差值 $P-P'$ 就构成了两种计算方法之间的误差。这里面包括了模数转换器量子化误差,以及由于模数转换器的取样频率和非同步产生的舍弃误差等。

使用霍尔器件也可以制作成功率计。实际上,作者在 1975 年上半年就进行过使用霍尔器件制作功率计的开发工作。那时候,GaAs

霍尔器件的性能还没有像现在这么好,因此就感受到了通过电路方面的努力来满足性能方面要求的困难程度。那时现在的年轻人还没有出世,但是那时候的经验给今天的作者增添了很大的信心。

另外,如果像图8.14那样,当在霍尔器件中流过输入电流 I_{IN} 的时候,给它外加上一个磁场 B,将会产生的霍尔电压。于是,如果让与负荷电压成正比的输入电流 I_{IN} 流经霍尔器件,并向霍尔器件提供与负荷电流成正比的磁场 B,根据式(8.11),就可以得到与负荷功率成正比的霍尔电压 V_H。

$$V_H = K \cdot I_{IN} \cdot B \tag{8.11}$$

为了将霍尔器件应用于功率计,需要将负荷电流变换为磁场。这一点比较简单,只要在强磁性材料的铁心中形成一个 $1 \sim 2mm$ 的间隙,并把霍尔器件插入其中就可以了。

铁心可以使用铁氧体、硅钢片和坡莫合金等材料,不过市场上已经有将铁心与霍尔器件一体化的器件出售,这种器件被称之为霍尔CT(Current Transformer)或者霍尔变流器。这里所使用的是HCS24-200(URD公司)型霍尔变流器。表8.2给出了霍尔变流器的技术指标。

表 8.2　霍尔变流器 HCS24-200 型的主要技术指标

性　能	指　标	单　位
灵敏度	0.4~1(典型值0.6)	mV/(A·T)
不平衡电压	±12(max)(典型值3)	mV
控制电流	5(典型值)[10(max)]	mA
频率特性	0~6000±5%	Hz
工作温度范围	−30~80	℃
储存温度范围	−55~125	℃

(使用 GaAs 霍尔传感器)

由于 HCS24-200 中使用的是 GaAs 霍尔器件,因此它具有的最大温度系数是 $-600ppm/℃$。因此,使用图8.8的温度补偿电路,可以将其温度系数抵消掉。

由表8.2可知,霍尔变流器的输出电压具有 $0.6mV/(A·T)$ 的灵敏度(这里的 T 是变流器的匝数),在绕制4匝的情况下就变成了 $0.6 \times 4 = 2.4(mV/A)$。于是,可以得到负荷电流满刻度值为 $10A(1kW)$ 时的输出电压 V_H:

$$V_H = 2.4(mV/A) \times 10(A)$$
$$= 24mV$$

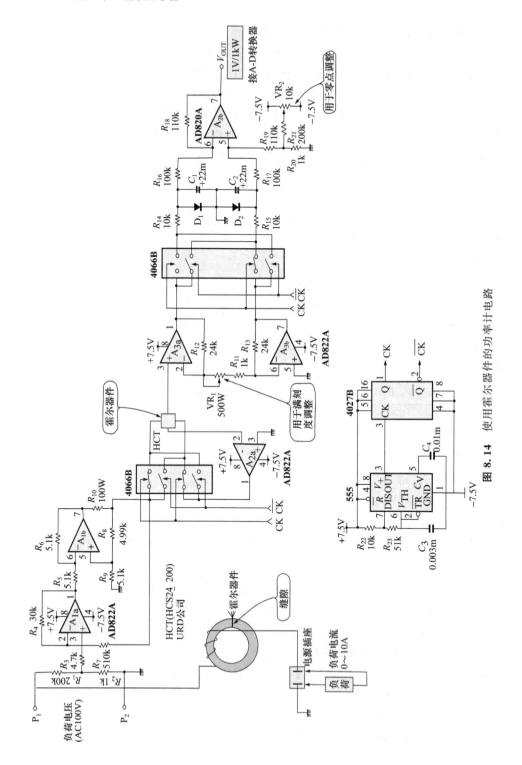

图 8.14 使用霍尔器件的功率计电路

因此,为了在 1kW 时能够有 $V_{OUT}=1V$ 的输出电压,电路需要有大约 40 倍的增益。这里面还使用了图 8.10 的偏移电压消除电路,而省略掉了零点调整电路。其中,为了补偿运算放大器 A_{2b} 的偏移电压以及霍尔变流器的线性误差,可以使用 VR_2 进行若干调整。

如此一来,就可以使用传统上因为灵敏度低而难以使用的霍尔器件制作的功率计了,通过在电路上做的这么一番努力,功率计已经变得具有足够的实用价值了。

94　GaAs霍尔器件在三相功率计方面的应用

现在介绍使用霍尔变流器制作的三相功率计电路。在三相功率计的场合下,虽然只要使用两个图 8.14 所示的单相功率计就可以了,但是由于元器件的数目增加了一倍,因此没有什么值得称道之处。相比较而言,使用图 8.11 所示的霍尔电压加法电路反倒可以使电路变得更为简单。

图 8.15 给出了三相功率计的电路。它是将各相的功率由霍尔变流器 HCT_1 和 HCT_2 检测出来,并将各个霍尔电压利用加法电路相加,然后再利用下一级放大器放大到所需要的增益来完成的。

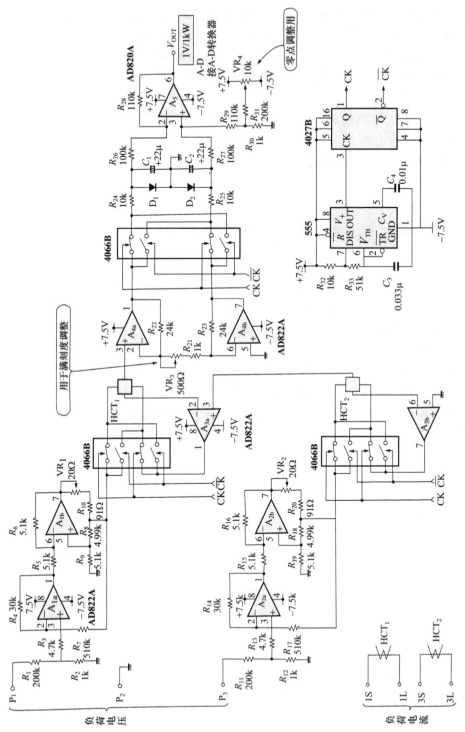

图 8.15 使用霍尔器件的三相功率计电路

第 9 章
超声波传感器

超声波是一种人的耳朵听不见的声音,通常指的都是频率在 20kHz 以上的声音。尽管人的耳朵听不见,但毕竟它是一种声音,所以它以声速在空气中传播。其传播速度可以用下式计算,即

$$V = 331.5 + 0.6T(m/s) \tag{9.1}$$

其中,T 是环境温度(℃)。

根据式(9.1)可以计算出,超声波在常温下的传输速度大约 345m/s。该速度与传播速度为 $3 \times 10^8 m/s$ 的电磁波相比非常慢;不过,由于其波长短,因此而提高了距离分辨率。一般情况下,超声波传感器用于近距离的位置检测。

超声波传感器是将超声波辐射到空气中或水中,或者是接受辐射而来的超声波的一种传感器。超声波传感器使用的材料是钛酸钡、钛酸铅、锆钛酸铅等压电陶瓷;最近,用高分子薄膜制作的压电器件也已经在市场上销售了。

通用型超声波传感器的使用频率范围大约都在 100kHz 以下。这是因为超过该频率的超声波传感器没有得到有实用价值的特性。在超声波传感器中,用特殊的材料与压电陶瓷相连接,目的是为了使它与空气之间实现阻抗匹配。

95 最常见的通用型超声波传感器

通用型超声波传感器如图 9.1 所示,其结构是由两片压电振子(或者由一片压电振子与一块金属板)组成的压电组件,与圆锥形谐振器紧贴在一起,构成复合谐振器。

当由外部射入超声波的时候,通过锥形谐振器,激励压电组件振子形成弯曲振动,产生电压。反过来,如果给压电组件加上电压,振子也会产生弯曲振动,谐振器就会高效率地往空间辐射超

声波。

通用型超声波传感器的频率范围为 20kHz 至几十千赫(通常为 40kHz 左右),一般情况下发射用的超声波传感器和接收用的超声波传感器是分开的。

照片 9.1 和照片 9.2 是通用型超声波传感器的外观形貌。

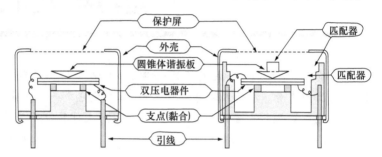

图 9.1 超声波传感器的结构实例

照片 9.1 通用型超声波发射器 MA40S4S((株)村田制作所)

照片 9.2 通用型超声波接收器 MA40S4R((株)村田制作所)

96 可收发兼用的宽带域型超声波传感器

上面所介绍的超声波传感器具有一定的谐振特性,即具有频率选择性(−6dB 的通带宽度为几千赫)。因此,其发射与接收是分开使用的。

但是,在宽带域型的情况下,在工作通带内传感器所具有的两个谐振特性处于展宽了的同一个带域内,使用一个传感器就可以收发兼用了。

照片 9.3 给出的是宽带域型超声波传感器的外观形貌。

照片 9.3　宽带域型超声波传感器
MA40B7((株)村田制作所)

◆ 97　可在室外使用的防雨型超声波传感器

　　通用型超声波传感器没有密封在盒子里,难以在室外使用。
与其相对应的防雨型超声波传感器,则制作成了盒子密封的结构,
可以在室外使用。

　　汽车的尾部声纳(后方障碍探测器)使用的超声波传感器就是
这种防雨型超声波传感器。

　　照片 9.4 示出的就是防雨型超声波传感器的外观形貌。

照片 9.4　防雨型超声波传感器
MA40E9-1((株)村田制作所)

◆ 98　只在水中才可使用的水下超声波传感器

　　水下超声波传感器是在水中发射超声波,并且测量其反射波
的传感器。为了能够探测鱼群和进行水下探测,其水密性和机械
强度都很高,容许功率也高达几十瓦至 1kW。

这种传感器以在水中使用为前提,而在空气中不能使用。
照片 9.5 示出了水下超声波传感器的外观形貌。

照片 **9.5** 水下超声波传感器 UT200 系列
((株)村田制作所)

99 使用温度范围宽的超声波传感器

普通超声波传感器的工作温度范围为 $-35 \sim +85$℃,这是因为压电器件与外壳之间的黏接使用了黏合剂的缘故。这种宽温域超声波传感器用焊接取代了黏合剂,所以可以在 $-196 \sim +550$℃的温度范围内使用。

标准型号的宽温域超声波传感器的谐振频率为 3.5MHz。

照片 9.6 是供高低温使用的超声波传感器的外观形貌。

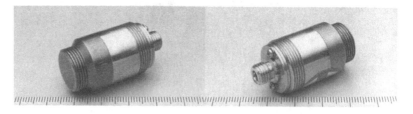

照片 **9.6** 高低温用的超声波传感器(石川岛检查计测(株))

100 高分子薄膜型超声波传感器

以前的超声波传感器都是由压电陶瓷制作的,最近高分子薄膜型的超声波传感器在市面上也已有出售。

　　为了能够从传感器高效率地发射超声波,被测对象的声音阻抗必须与传感器的声音阻抗相匹配。这种高分子薄膜型的超声波传感器的声音阻抗与压电陶瓷相比,更接近于水和生物体的声音阻抗,所以适用于作超声波诊断。

　　其谐振频率高达 1~100MHz。

　　照片 9.7 给出了高分子薄膜型的超声波传感器的外观形貌。

照片 **9.7**　高分子薄膜型超声波
传感器 PT 系列((株)村田制作所)

专栏

应用超声波传感器的产品——玻璃损坏传感器

　　作为应用超声波传感器的产品,有玻璃损坏传感器。这是一种用于检测窗玻璃损坏时产生的特征超声波、报知玻璃损坏的超声波集音式传感器。

　　因为其内部装有信号处理电路,所以操作起来非常简单。

　　照片 9.A 示出的是玻璃损坏传感器的外观形貌。

照片 **9.A**　玻璃损坏传感器 GS1100
（Takenaka Engineering Co.,Ltd.）

101 超声波传感器的谐振频率在接收和发信时是不同的

超声波传感器如图9.2所示,具有与石英振子一样的谐振频率。阻抗最小的频率叫做串联谐振频率 f_r,阻抗最大的频率叫做并联谐振频率 f_a。

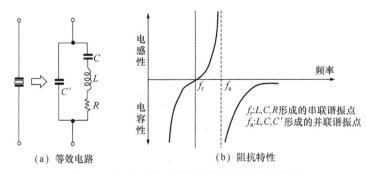

（a）等效电路　　　　（b）阻抗特性

f_r:L,C,R形成的串联谐振点
f_a:L,C,C'形成的并联谐振点

图9.2 超声波传感器的等效电路与阻抗特性

由于发射用的超声波传感器在频率为 f_r 时具有最大的灵敏度,因此发射用的超声波传感器给出的是其特征频率 f_r。反过来,由于接收用的超声波传感器在频率为 f_a 时具有最大的灵敏度,因此接收用的超声波传感器给出的是其特征频率 f_a。

如果能够让超声波传感器像石英振子那样 Q 值高达10000,且不防暂且考虑为 $f_r = f_a$;但是,事实上超声波传感器的 Q 值没有那么大,因而在 f_r 和 f_a 之间偏离了几千赫。由于这个原因,当把接收用的传感器作为发射使用时,将会是在偏离最大灵敏度频率几千赫的频率下使用的,因此如果仍然使用同一种传感器,那么有时候就会甚至接收不到信号。当产品说明书上分别记载着发射用和接收用的时候,千万不要将它们用混了。

第 10 章
振动传感器与加速度传感器

振动传感器与加速度传感器是用于检测冲击力或者加速度的传感器。通常使用的是加上应力就会产生电荷的压电器件,不过也有采用别的材料和方法可以进行检测的传感器。例如,有一种独特的这类传感器,受到冲击时,会产生化学反应而发出红光,根据红色的直径可以知道冲击的强度。这种独特的传感器可以用于调查货物在运输途中产生破损的原因等场合。

振动传感器用于对精度要求不那么严格的场合,而加速度传感器则广泛地应用于测量领域。加速度传感器的校正非常困难,通常使用的都是校正好了的传感器。有的价格相当昂贵。

常用的加速度传感器对于匀速运动成分不灵敏,但是伺服型加速度传感器也可以检测出匀速运动成分(实际上是非常缓慢的振动)。

加速度传感器的价格最近下降到了可以应用于汽车气囊的程度。

102 可以检测撞击的冲击传感器

压电器件受到外来的撞击和振动的时候,就会产生与其大小成正比的电压(或者电荷)。这种现象叫做压电效应。

压电器件中使用的有将压电陶瓷与金属板贴合在一起的单压电振子,或者将两片压电陶瓷贴合在一起的双压电振子。

作为冲击传感器的使用频率范围,其高端频率由谐振频率的大小(几千赫左右)决定,低端频率由传感器分布电容 C 的大小与放大器的输入电阻 R 的大小决定。

冲击传感器的低端截止频率 f_L 可以表示为:

$$f_L = \frac{1}{2\pi CR}$$

(10.1)

它可以感应到超过 1000G(1G＝9.8m/s^2)的冲击。

冲击传感器可以应用于汽车防盗、仪器的振动检测和硬盘的撞击检测等,最近表面安装型的冲击传感器在市场上可以买得到。

照片 10.1 和照片 10.2 给出了冲击传感器的外观形貌。

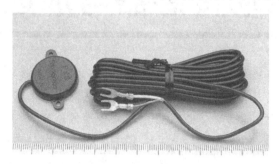

照片 10.1 冲击传感器 PKS1-4A1
((株)村田制作所)

照片 10.2 适合表面安装的
小型冲击传感器((株)村田制作所)

103 检测手抖动时,不可缺少的角速度传感器

如果给振动物体一个旋转加速度,那么就会在振动方向上产生科里奥利力(Coriolis force),角速度传感器可以检测出这种力。

角速度传感器的传感头部分使用的是小型三棱柱形的振子,即使在低频(几赫)下也有灵敏度。

这种传感器已经应用在了车载导航系统的方向检测以及摄像者的手部抖动的检测上。

照片 10.3～照片 10.5 给出了角速度传感器的外观形貌。

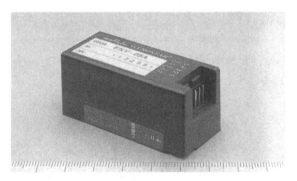

照片 10.3　角速度传感器 ENV-05((株)村田制作所)

照片 10.4　角速度传感器
ENC-05E(外观)((株)村田制作所)

照片 10.5　角速度传感器
ENC-05E(内部)((株)村田制作所)

104 汽车防撞气囊用的通用型单片加速度传感器

单片型加速度传感器是将差动电容型加速度传感器和放大器通过微加工技术,在硅芯片上制作而成的。它内部包含了放大器和具有调整等功能的信号处理电路,可以高精度地测量高达±50G的角速度。

只要使传感器的加速度检测轴线方向与外壳接头的方向相吻合,就可以很简便地与被检测的加速度方向取得一致。

它由+5V的单电源供电,具有直流~1kHz的频率特性。耐冲击性能达到2000G(关掉电源时)以上。可以应用于汽车的气囊以及各种需要检测加速度的场合。

照片10.6示出了单片型加速度传感器的外观形貌。

照片 10.6 单片型加速度传感器

ADXL05AH（Analog Devices Inc.）

专栏

倾倒检测开关与感震开关

倾倒开关用于取暖炉和电风扇等器具的倾倒检测。它是在外壳内装入一个钢球，一旦发生倾倒，该钢球就起到了开关的作用。

也有的型号是在外壳中封装了发光二极管和光敏三极管，通过外壳中的球体遮挡光线与否，来达到开关的目的。

照片 10.A 示出的是倾倒开关的外观形貌。当感知到地震的时候，开关就会动作。感知灵敏度有两种类型，分别为 130～200G 和 100～170G（相当于 5 级地震）。

照片 10.A 倾倒检测开关

（松下电工（株））

外壳内放入钢球的结构比较简单，被放置在水平面上，可以感知 360°方向的摇动。

照片 10.B 示出的是感震开关的外观形貌。

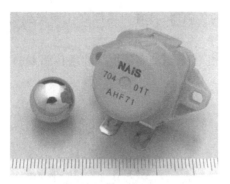

照片 10. B 感震开关 AHF71

（松下电工（株））

105 能够进行高精度测量的加速度传感器

能够进行高精度测量的加速度传感器利用的是压电效应。根据压电器件承受应力方向的不同，分为以下三种类型。

（1）压缩型（利用纵向压电效应）

这种类型的传感器机械强度高，应用较为广泛。

图 10.1 给出了压缩型高精度加速度传感器的内部结构。

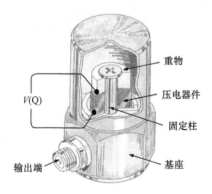

图 10.1 采用压缩型测量的

加速度传感器的内部结构

（TEAC Instruments Corporation）

（2）分配型（利用厚度方向的压电效应）

这种类型的传感器,具有因温度变化而产生的(热释电)噪声小的优点。

图 10.2 给出了分配型高精度加速度传感器的内部结构。

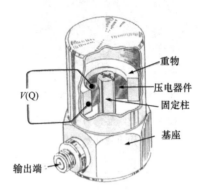

图 10.2 采用分配型测量的
加速度传感器的内部结构
(TEAC Instruments Corporation)

(3) 弯曲型(利用横向压电效应)

图 10.3 给出了弯曲型高精度加速度传感器的内部结构。

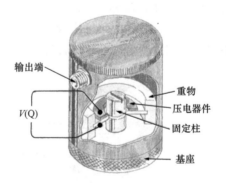

图 10.3 采用弯曲型测量的
加速度传感器的内部结构
(TEAC Instruments Corporation)

这类高精度加速度传感器能够测量的最大加速度可以达到 10kG,而耐冲击性能约为 5~30kG。使用的频率范围也可以实现宽带域化,低频端可以达到 0.1Hz 以下(随着这种传感器固定方法的不同),高频端可以达到 50~100kHz。

另外,由于这类传感器输出的是电荷,所以出售的传感器中有的还带有充电放大器(电荷-电压变换放大器)。

照片 10.7～照片 10.9 示出了测量用加速度传感器的外观形貌。

照片 10.7 压缩型测量用加速度传感器
(TEAC Instruments Corporation)

照片 10.8 分配型测量用加速度传感器
(TEAC Instruments Corporation)

照片 10.9 弯曲型测量用加速度传感器
(TEAC Instruments Corporation)

第 11 章
电流传感器

　　电流传感器是用于检测电流的器件的总称,目前市场上出售的电流传感器有分路电阻型、变流器(CT:Current Transformer)型、霍尔型、空芯型、磁通量闸门(磁调制)型及光纤型等类型。

　　以前,一说到电流传感器几乎都是用于测量市电频率(50Hz或者60Hz)电流的电流计。最近,能够测量换流器和开关电源等高频电流的电流传感器也已经出现了。

　　分路电阻型电流传感器本身就只是一个电阻器。如图 11.1(a)所示,因为它利用的是电阻器上的电压降,所以其缺点是电流越大,功率损耗也就越大。由于它不仅可以检测交流电流,也可以检测直流电流,因此是一种最简单、最基本的电流传感器。

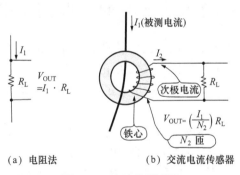

(a) 电阻法　　　　　(b) 交流电流传感器

图 11.1　电流检测方法

　　即使电阻值低到 $1m\Omega$(几百安左右)的电阻器,也可以轻而易举地买到;但是,电阻值越小,即使微小的布线电阻也越会形成误差,所以在高精度测量的情况下,有时候使用的是另外设置了输出端的 4 端子结构(开尔文连接)的电阻器。

　　作为高频下使用的类型,有分布电感量小的非卷绕型的无感电阻器。另外,作为检测几百安、几十兆赫的电流使用的电流传感器,也有的采用带有 BNC 输出的同轴分路电阻器。

变流器型电流传感器是一种非常普通的电流传感器,如图11.1(b)所示,它实质上是一个变压器,因此它只能测量交流电流(而不能测量直流电流)。为此,变流器型电流传感器往往被称为交流电流传感器。

变流器型电流传感器的最大优点在于可以对电流进行非接触性测量(损耗量非常小)。最近,一种使用方便、被称之为钳形电流计的电流传感器也出现在市场上。

使用磁通量闸门型电流传感器可以测量 1mA 以下的微小直流电流。变流器型电流传感器是在铁心不饱和的状态下使用的;而磁通量闸门型电流传感器则刚好相反,它是在铁心饱和的状态下使用的。为此,它所使用的铁心是具有特殊矩形 B-H 特性的所谓可饱和铁心。

光纤型电流传感器是一种利用光线在磁场作用下发生偏光现象(法拉第效应)的电流传感器,又称为光电流传感器。

因为光纤型电流传感器使用的是光纤,所以绝缘性好,抗噪声性能优良,但是它的电路体积却变得相当大,因而不常使用。

106 能够得到绝缘输出的通用型交流电流传感器

通用型交流电流传感器是一种被测电流在 100A 以内的小型交流电流传感器。其贯通孔径大约为 $\phi6mm$,在多数用途的情况下,这么大的孔径就足够了(孔径越大,体积越大,材料费用就越高)。

最基本的通用型交流电流传感器是用于市电电源的 50Hz 或(和)60Hz,不过在几千赫以上的频率下也可以使用。由于频率越高,铁心的损耗越大,因此最大电流值也会减小。磁通量闸门型电流传感器不能够用于检测直流电流。

通用型交流电流传感器的铁心使用的是硅钢片,感知不到几毫安以下的低电流状态。如果需要知道低电流的灵敏度,铁心应当使用坡莫合金(次级线圈的匝数越多效果越好)。最近,使用非晶铁心的通用型交流电流传感器也已经出现在了市场上。

照片 11.1 示出的是通用型交流电流传感器的外观形貌。

照片 11.1　通用型交流电流传感器
CTL-6-P 系列（URD 公司）

107　可以在大电流下使用的空芯型交流电流传感器

　　如果被测电流超过了 1000A，铁心的体积就变得很大；其质量和体积都与电流成比例地增加。为此，在大电流状态下使用的是没有铁心的空芯型交流电流传感器。

　　由于空芯型交流电流传感器的输出电压是被测电流的微分值，因此被测频率越高，输出电压就越大。为此，通常都加入积分电路，以改善其频率特性。高达几万安的空芯型交流电流传感器也可以轻易地买到。

　　另外，通过改进 2 次绕组的绕制方法而改善了信噪比，被称之为罗戈夫斯基线圈（Rogowski coil）的空芯型交流电流传感器在市场上也有出售。

　　照片 11.2 示出了空芯型交流电流传感器的外观形貌。

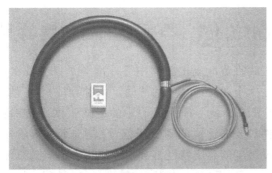

照片 11.2　空芯型交流电流传感器
CTL-400-L-3 系列（URD 公司）

108　可以测量直流电流的霍尔型电流传感器（直流电流传感器）

霍尔型电流传感器是在强磁性材料的铁心上带有缝隙的传感器,缝隙中安装了霍尔器件。缝隙中的磁通密度与被测电流的大小成正比,霍尔器件通过测量该磁通密度,就可以测量电流的大小。

因为霍尔器件可以测量直流磁场,所以这种电流传感器就理所当然地能够测量直流电流(当然也可以测量交流电流)。能够测量直流电流是霍尔型电流传感器的最大优点。作为为此而付出的代价,就是由于它的精度取决于霍尔器件的特性(线性度和温度特性等)以及铁心的特性,因此在需要进行高精度测量的情况下,可以使用下一节将要介绍的伺服式直流电流传感器。

照片 11.3 给出了霍尔型电流传感器的外观形貌。

照片 11.3　直流电流传感器
HCS-AP 系列(URD 公司)

109　伺服式直流电流传感器适用于高精度的测量

在伺服式直流电流传感器中另外准备了一个 2 次线圈,通过反馈电流在这个 2 次线圈中的流动,可以抵消铁心中的磁通密度。2 次线圈需要有余量。因为铁心中的磁通密度经常保持为零,所以霍尔器件只要能够检测零磁场就可以了,于是霍尔器件的非线性误差和灵敏度的温度特性都被消除掉了。伺服式直流电流传感器这样做的结果,可以得到很高的精度,所以目前这种类型的电流传感器的需求量剧增。

照片 11.4 给出了伺服式电流传感器的外观形貌。

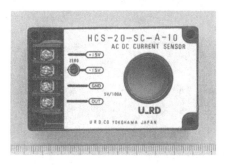

照片 **11.4** 伺服式直流电流传感器
HCS-20-SC 系列（URD 公司）

110 单触就可进行在线电流测量的便携式钳形直流电流传感器

电流传感器需要使被测量电流的导线穿过贯通孔。这一点在新的钳型电流传感器系统中不构成什么问题；但是在原有的电流传感器系统中必须将导线断开，这就构成了一个很大的问题。

钳型电流传感器的贯通孔做成了开闭式的结构，因此原有的导线即使不断开也可以很容易地进行测量，是一种十分方便的电流传感器。

传统的钳形电流传感器体积比较大，最近市场上出现了小型廉价的钳形电流传感器。在钳形电流传感器之中也有上述的交流电流传感器和直流电流传感器之分。

照片 11.5 和照片 11.6 示出的是钳形直流电流传感器的外观形貌。

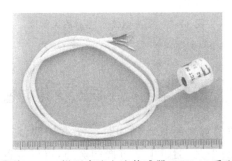

照片 **11.5** 钳型直流电流传感器 TCT-06 系列

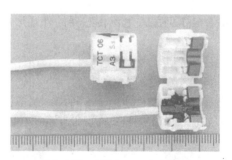

照片 11.6 传感器的钳形部分

111 为提高电流传感器的灵敏度可增加初级绕组的匝数

电流传感器如图 11.2 所示,为了能够增加其电流灵敏度,可以将电流线绕满贯通孔。例如,图 11.2 中的初级线圈绕了 3 匝。在这种情形下与只绕 1 匝的情形相比,可以得到 3 倍的灵敏度。利用这一原理制作的多挡型电流传感器在市场上已有出售。

例如,如果给它的初级线圈准备了 1～5 匝,那么就可以在 1～5 倍的电流灵敏度之间进行选择。一个电流传感器可以选择 5 个量程,使用起来非常方便。另外,这种类型的电流传感器中没有贯通孔,而且还设置了选择插头,所以使用方法属于绝缘放大器型的。

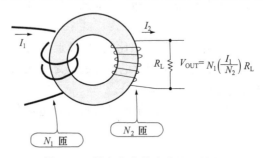

图 11.2 提高电流传感器的灵敏度

112 交流电流传感器能够测量的频率低端由其电感量决定

交流电流传感器的基本结构是一个变压器,所以不能够用来测量直流电流;但是,通过电路方面的努力,可以改善其低频特性。

一般情况下,交流电流传感器的低端截止频率 f_L,在传感器的电感量为 L 的情况下,可以表示为:

$$f_L = \frac{R_L}{2\pi} \cdot L \qquad\qquad (11.1)$$

式中,R_L 为交流电流传感器的负载电阻。由式(11.1)可以知道,通过加大 L 或减小 R_L 的方法,可以有效地降低 f_L(参见图 11.3)。

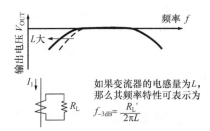

如果变流器的电感量为 L,那么其频率特性可表示为
$$f_{-3dB} = \frac{R_L'}{2\pi L}$$

图 11.3 交流电流传感器的频率特性

为了增加 L,可以采用增加 2 次绕组匝数 N_2 的方法,或者采用加大电流传感器的铁心导磁率 μ 的方法来实现。但是,在增加 N_2 的同时也增加了传感器的内阻(这与减小 R_L 的要求刚好相反),所以通常都采用增加铁心导磁率 μ 的方法。

虽然采用减小负载电阻 R_L 的方法,也可以降低 f_L;但是,如上所述,由于传感器存在着绕线电阻(内阻),其下降幅度受到了限制。通常的交流电流传感器中绕线电阻的大小都在几欧至几百欧;有时候尽管会增大传感器的体积,但是也许还是希望能够用粗一些的导线绕制好一些。

图 11.4 是市场上出售的交流电流传感器的频率特性(它们的 N_2 全部为 800 匝)。CTL6P 的铁心材料使用的是硅钢片,所以 L 为 0.2H;而 CTL6PZ 的铁心使用的是坡莫合金,所以 L 大到了 7H。

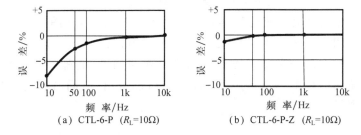

(a) CTL-6-P ($R_L = 10\Omega$)　　(b) CTL-6-P-Z ($R_L = 10\Omega$)

图 11.4 交流电流传感器
CTL-6-P/6-P-Z 的频率特性

在用于测量仪的场合下,10Hz 以下的频率是不能够测量的;但是,从图 11.4 可以看出,CTL6PZ 却可很好地进行测量。

113 交流电流传感器的时间常数可由 L/R_L 算出

在交流电流传感器中,如果流过直流电流,由于它对直流电流没有灵敏度,因此它将如照片 11.7(a)所示,经过一定的时间后,其输出变为零。这是使用 CTL-6-P-Z 型交流电流传感器的情形,时间常数 τ 约为 0.7s。

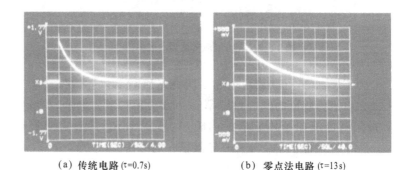

(a) 传统电路 (τ=0.7s)　　　　　　(b) 零点法电路 (τ=13s)

照片 11.7 交流电流传感器的上升特性((株)村田制作所)

通常,传感器的时间常数可以表示为:

$$\tau = \frac{L}{R_L} \qquad\qquad (11.2)$$

CTL-6-P-Z 的 L 约为 7H,在负载电阻 R_L＝10Ω 的情况下,根据式 (11.2)计算的结果 τ＝0.7s,该数值刚好与上述数据一致。这说明该公式是一个与实测结果吻合的计算公式。

加大交流电流传感器时间常数的方法之一,有图 11.5(b) 所示的零点法。零点法就是使传感器内部的磁场强度经常处于零状态的一种测量方法。除了 2 次绕组 N_2 之外,还需要有反馈用的绕组 N_F,从照片 11.7(b)可以看出,时间常数的确增加到了 τ＝13s。

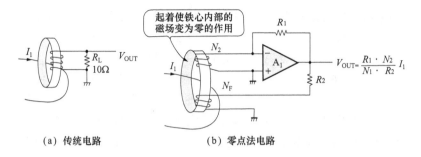

(a) 传统电路   (b) 零点法电路

图 11.5 传统电路与零点法电路

114 为检测直流电流可用霍尔器件型电流传感器(若是钳形结构更便利)

通过在电路方面如此逐步地改进,使得交流电流传感器的低端截止频率得到了改善;但是,虽然如此,仍然无法使得交流电流传感器的最低检测频率达到直流的程度。要想毫不含糊地能够将检测的最低频率达到直流,最常用的方法就是使用霍尔器件型(或者霍尔集成电路型)电流传感器。

TCT06 系列直流电流传感器的外观形貌已经在照片 11.6 给出,表 11.1 是它的技术指标。

表 11.1 直流电流传感器的 TCT03A1 技术指标

性 质	大 小
电源电压	5V(4.5~10V 可以工作)
零点电压	$2.5\pm0.05V(V_{cc}/2)$
灵敏度	20mV/AT(与 V_{cc} 成比例)
频率特性(−5%)	22kHz
测量范围	±75A
消耗电流	7mA
输出电流	变换器 0.6mA(min),源 1mA(min)
线性	±0.3%(max)
温度特性	±0.03%
工作温度	−10~+80℃

在使用这种电流传感器时,一次电流的导线必须穿过传感器的贯通孔。当使用的是铁心可以开闭的钳形电流传感器时,由于通过单触就可以将一次电流导线钳入贯通孔中,因此操作起来非常方便。如果将该功能从头做起将是一件非常麻烦的事情,但是

如果将该功能附加在 TCT06 系列直流电流传感器的钳形功能上则变得十分简便。从表 11.1 中可以看出,其最大的 1 次电流为 ±75A,这个大小在通常的用途条件下应当足够了。

图 11.6 示出了 TCT06A1 的内部结构。在 TCT06A1 中使用了霍尔集成电路 SS495A 作为它的磁敏传感器,从而实现了传感器的小型化,所以将体积压缩到了大拇指粗细的 φ17.5×16。在表 11.2 中给出了霍尔集成电路的技术指标。由于 TCT06A1 的电

表 11.2 霍尔集成电路的技术指标

(a)数字输出型

型 号	电源电压/V	电源电流/mA	工作温度范围/℃	临界磁场/Gs	生产厂家	备 注
EW400/500/402/502				±50～200		传感器用 InSb,放大器用 Si,使用交流磁场
EW410/510/412/512				±10～60		传感器用 InSb,放大器用 Si,使用交流磁场,高灵敏度型
EW450/550/452/552	4.5～18	8(max)	−20～+115	50～200	旭化成电子	传感器用 InSb,放大器用 Si,使用直流磁场
EW460/560/462/562				5～60		传感器用 InSb,放大器用 Si,使用直流磁场,高灵敏度型
A3174XU	4.5～18	10(max)	−40～+75	±25～170	Sanken Electric	使用交流磁场
DN6847/8897				±50～175		传感器和放大器都用 Si,使用交流磁场
DN6848	4.5～18	55(max)	−40～+100	0～210	松下电子工业	传感器和放大器都用 Si,使用直流磁场
DN6849 8899				±50～175		传感器和放大器都用 Si,使用交流磁场

(b)线性输出型(生产厂家:山武公司)

型 号	电源电压/V	电源电流/mA	工作温度范围/℃	灵敏度/(mV/Gs)	提供磁场/Gs	非线性误差/%	备 注
SS495A	4.5～10.5	7	−40～+150	3.125±0.125	−670～+670	−(15(max))	灵敏度与电源电压成比例

流灵敏度为 20mV/A,根据霍尔集成电路 SS495A 的灵敏度为 3.125mV/Gs,可以算出,每 1A 的电流在铁心的内部将会产生 20÷3.125＝6.4Gs 的磁通密度。

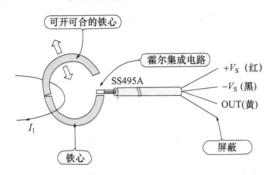

$+V_S$＝5V,$-V_S$＝0V时的输出电压
① I_1＝0A时为2.5V
② I_1＝-50A时有20mV/A的电流灵敏度,因此
　2.5-50A×20mV/A=1.5V
③ I_1＝50A时为2.5+50A×20mV/A=3.5V

图 11.6 直流电流传感器的 TCT06A1 的内部结构

另外,TCT06A1 的频率特性下降了 5％,这时的频率为 22kHz。这就是所使用的霍尔集成电路的频率特性。因为降低了 5％的频率值为 22kHz,所以－3dB 的频率为 100kHz 左右。

115 改善伺服式直流电流传感器的频率特性

一般情况下,在使用霍尔器件的直流电流传感器中不需要 2 次绕组线圈,但是在利用零点法的伺服式直流电流传感器中却必须有 2 次绕组线圈。这个 2 次绕组线圈叫做反馈线圈。

由于使用了 2 次绕组线圈,使得传感器的成本提高了;但是,与此同时,霍尔器件的温度特性和线性度都得到了改善。在这种传感器之中被伺服的频率仅限于低频端;从图 11.7 中可以看出,在高频端,它把反馈线圈当作 2 次绕组,起着一个交流电流传感器的作用。

由此而产生的问题是,如图 11.7 所示,在频率特性中形成了台阶。这是因为,在直流电流传感器中,为了将霍尔器件插入铁心,就必须在铁心中留下一个间隙。间隙的存在使得变换损耗增加。低频下的变换损耗,因为伺服而被抵消掉;高频下因为不能伺服,而形成了台阶。

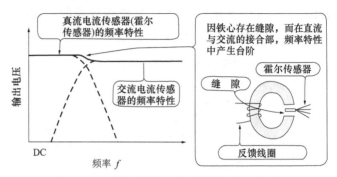

图 11.7 伺服型直流电流传感器的频率特性

　　用运算放大器提供的伺服最好能够覆盖整个通频带;然而,由于反馈线圈的电感 L 的原因,却只能够限于低频领域。在高频下,L 的电感量增高,使得反馈线圈中没有电流流动,从而变得无法伺服。

　　至于运算放大器的频率特性,最好是选用那些工作频率尽可能地向可以伺服的低频领域移动的器件。这样选择的结果,既可以降低运算放大器的成本,又可以减轻电路的自激振荡问题。

　　如果像图 11.8 那样,为其配备两个铁心,则可以消除传感器频率特性中的台阶问题。其中一个铁心中带有放置霍尔器件的缝隙,另一个则是用于交流电流传感器的无缝隙铁心。反馈线圈绕制在了这两个铁心上。这样做的结果,由于交流电流传感器的铁心中没有缝隙,因此在其频率特性中几乎看不到台阶现象。

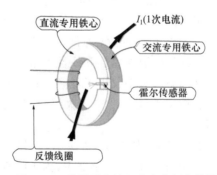

图 11.8 使用两个铁心以改善频率特性

116　空芯型交流电流传感器需要积分电路

　　常见的交流电流传感器如图 11.9(a)所示,它都使用强磁性材料制作的铁心。这种传感器中一旦流过大的一次电流,铁心很容易产生磁饱和,由此而使得无法进行准确的测量。与此形成对照的是,空芯型交流电流传感器不使用铁心(就是由于这个原因,才将其称之为空芯型),因此而具有即使在大电流的情况下也不饱和的特征。

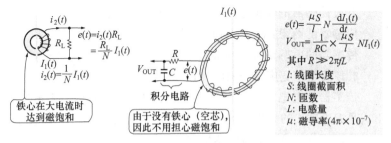

　　(a) 通用型交流电流传感器　　　　(b) 空芯型交流电流传感器

图 11.9　空芯型交流电流传感器的输出电压

　　空芯型交流电流传感器的 2 次电压 $e(t)$ 可以表示为:

$$e(t) = \frac{\mu S}{l} \cdot N \cdot \frac{\mathrm{d}I_1(t)}{\mathrm{d}t} \tag{11.3}$$

从式(11.3)可以看出,空芯型交流电流传感器的 2 次电压与 1 次电流的微分值成正比。因此,在不加改进的情况下,频率越高,输出越大,使用起来很不方便。

　　为了解决这个问题,如图 11.9(b)所示,给它增加了一个积分电路。这么一来,由积分电路得到的输出电压 V_{OUT} 则为:

$$V_{\mathrm{OUT}} = \frac{1}{RC} \cdot \frac{\mu S}{l} \cdot N \cdot I_1(t)$$

其大小与 1 次电流成正比。

　　像这样在空芯型交流电流传感器中增加了积分电路后,信号的处理一下子就变得非常简单了。

　　即使是只有 RC 的积分电路也足够用了;不过,为了定标,无论如何都少不了放大器,所以最好还是从一开始制作这种传感器时起就使用放大器好一些。图 11.10 给出的是使用了运算放大器的积分电路。为了决定积分常数,需要有电流传感器的技术参数。

在这里,我们举一个例子,假设:

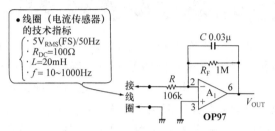

图 11. 10　使用运算放大器的积分电路

电流传感器的输出电压:在 50Hz 时为 $5V_{RMS}$(FS);

传感器的内阻:$R_{DC}=100\Omega$;

传感器的电感量:$L=20mH$;

3dB 的频带宽度:10~1000Hz。

传感器的电感量 L 与频带宽度有很大关系,如果输入电阻 R 不满足 $R \gg 2\pi f$ 的条件,就会产生误差。在这里,由于 $L=20mH$,所以最高频率 1000Hz 时的感抗 Z_{1000Hz} 为:

$$Z_{1000Hz} = 2\pi f_L$$
$$= 2\pi \times 1000 \times 0.02$$
$$= 126(\Omega)$$

因此,作为 R 的值,只要选择十千欧以上就可以了。

积分电容器 C 值的确定需要兼顾到电流传感器的输出电压和电阻值 R,在这里将其取为 $C=0.03\mu F$。由此可以得到该电容器 C 在 50Hz 时的容抗 $Z_{C(50Hz)}$ 为:

$$Z_{C(50Hz)} = 1/(2\pi C)$$
$$= 1/(2\pi \times 50 \times 0.03 \times 10^{-6})$$
$$= 106(k\Omega)$$

如果选择 $R=106k\Omega$,由于积分电路的放大倍数为 1,于是就可以将传感器 50Hz 时输出的 $5V_{RMS}$ 的信号电压,变换为 50Hz 时的 $5V_{RMS}$ 的输出电压 U_{OUT}。

另外,反馈电阻 R_F 是为了固定直流电位所必需的。如果没有它,运算放大器的输出将会达到饱和。虽然原则上讲 R_F 的值越大越好,但是通常都是由最低频率决定的。由于低端频率为 10Hz,因此由下式

$$f > 1/(2\pi C R_F) \tag{11.5}$$

可以算出,大小为 530kΩ;为了留有余量,将其取为 1MΩ。

为了能够省略掉运算放大器的偏移电压调整,而使用高精度的运算放大器。其中,由于反馈电阻器 R_F 的电阻值高达 $1M\Omega$,所以输入的偏置电流必须非常小。表 11.3 示出了运算放大器 OP97 的技术指标。其偏移电压小到了 $30\mu V$,由于它的输入偏置电流只有 30pA,因此不存在什么问题。

因为是高精度的运算放大器,所以频率特性不怎么好;不过,传感器的通频带为 $10\sim1000Hz$,因而在实际应用上也没什么问题。

表 11.3　运算放大器 OP97 Analog Devices Inc. 的技术指标

	偏移电压/mV	温漂/($\mu V/°C$)	偏置电流/pA	单位增益频率/MHz	转换速率/($V/\mu s$)	输入噪声电压/($nV/\sqrt{Hz}$)	电源电压/电流/(V/mA)	备　注
OP97F	0.03 [0.075 (max)]	0.3 [2(max)]	30	0.9	0.2	14(1kHz)	±2.5～20/0.4	输入偏置电流小

〰〰〰〰〰〰 **专栏** 〰〰〰〰〰〰

使用交流电流传感器的恒电流电路

在交流输出的情况下有时候需要有恒电流电路。当然,常见的恒电流电路不是不可用;但是,如果在电流高达几十安的情况下,当采用电阻器获取电压降时,就会产生大量的热。不过,当用于获取电压降的方法是交流电流传感器时,就几乎不发热。图 11.A 是使用变流器型交流电流传感器测量负载电流。

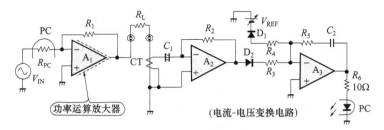

图 11.A　交流恒流电路

运算放大器 A_2 是将变流器的 2 次电流变换成电压的电流-电压变换电路。运算放大器 A_3 将基准电压 V_{REF},与经过二极管 D_2 半波整流了的 A_2 的输出电压进行比较。A_2 的输出电压如果小(这时候流过负载电阻 R_L 的电流也就变小),运算放大器 A_3 的输出电压就会变大,光断续器 PC 的发光二极管中流过的电流也会变大。结果造成了光断续器中电阻 R_{PC} 的电阻值的减小,由此而增加了运算放大器 A_1 的放大倍数,流过负载电阻 R_L 的电流也就增大了。

反过来,如果流过负载电阻 R_L 的电流变大,A_2 的输出电压也会变大,A_3 的输出电压就会变小,光断续器 PC 的发光二极管中流过的电流也会变小。结果造成了光断续器中电阻 R_{PC} 的电阻值的变大,由此而减小了运算放大器 A_1 的放大倍数,流过负载电阻 R_L 的电流也就减小了。

这种动作循环往复,图 11.A 中的电路就可以将流过负载电阻 R_L 的电流控制在一个恒定的数值。

117 传感器使用的电平变换器最好是差动放大器

市场上出售的电流传感器有时候需要有电平变换器。现在就来考察一个 $2.5V\pm20mV/mA$ 的直流电流传感器中使用的电平变换器电路。

所设计的放大器的技术指标假设为:电源电压为 5V;零点为 2.5V;灵敏度为 50mA/V(电流测量范围为 $\pm40A$)。

图 11.11 中给出了它所使用的电路。因为用 5V 电压驱动,所以传感器和运算放大器都连接到了 5V 的电源上。运算放大器使用的是单电源驱动的运算放大器。对运算放大器 A_1 的频率特性有所要求,这里使用的是 GB 的乘积为 1.4MHz 的 LMC662。A_2 可以使用廉价的 LM358。

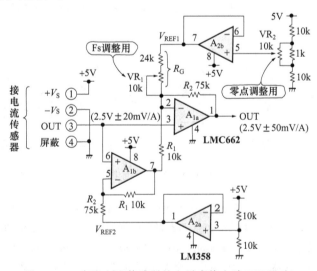

图 11.11 直流电流传感器的电平变换电路(5V 驱动)

V_{REF1}和V_{REF2}是用于确定输出电压零点的电压。在这里它们都是 2.5V,因此将它们分别连接在了 2.5V 上。当需要进行零点调整时,可以通过 VR_2 改变 V_{REF1};当然,如果不愿意改变 V_{REF1},也可以改变 V_{REF2}。

放大倍数由 R_G 决定。由于电流传感器的灵敏度为 20mV/A 时的放大器输出灵敏度为 50mV/A,因此放大器的放大倍数为 50/20＝2.5。

在图 11.11 中,因为放大倍数 G 可以表示为:

$$G=\frac{R_2}{R_G} \tag{11.6}$$

所以 R_G 为 30kΩ;为了能够调整放大倍数,而用一个 24kΩ 的固定电阻器和一个 10kΩ 的可变电阻器置换它。该电路的应用范围很宽,是一个非常有用的电路。

118 交流电流传感器中使用的绝对值放大电路的制作方法

当检测交流 100V 的线路中流过的电流时,可以使用交流电流传感器。如果交流电流传感器的 1 次电流为 I_1,那么在 2 次侧流过的 2 次电流 I_2 仅为:

$$I_2 \approx \frac{I_1}{N} \tag{11.7}$$

(因为存在着损耗,实际的 I_2 值会有某种程度地减小)。式中,N 是交流电流传感器的匝数比。

如果在交流电流传感器的 2 次侧连接上负载电阻 R_L,在 R_L 上就会产生 $I_2 R_L$ 的电压,利用绝对值电路可以将该电压变换为直流电压。

图 11.12 示出了这类电路。从式(11.7)可以看出,在 1 次电流相同的条件下,2 次电流的大小因交流电流传感器的匝数比不同而不同,因此利用负载电阻 R_L 调整传感器的灵敏度。图中的传感器使用的是 CTL12-S56-20 型交流电流传感器(URD 公司)。

CTL12-S56-20 的 $N＝2000$,当 $I_1＝200A$ 时(满刻度),根据公式(11.7)可以算出 $I_2＝0.1A$。于是,如果选取 R_L 为 20Ω,R_L 上的电压降则为 0.1A×20Ω＝2V,所以从绝对值放大器电路的输出端就可以得到 $2V_{DC}$ 的直流电压。

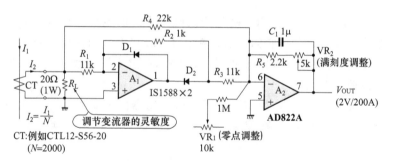

图 11.12　用于交流电流传感器绝对值电路

　　该电路的要点是既要选择性能良好的传感器,又要非常重视绝对值放大器的性能。在绝对值放大器电路中使用了 A_1 和 A_2 两个运算放大器。为了能够得到宽阔的动态特性,需要减小 A_1 的偏移电压。

　　图 11.13 是对 A_1 的偏移电压能够在多大程度上影响其精度的实验结果。可以看出,当偏移电压小到 0.5mV 时,其性能将位于一条理想的直线上,一直到 $1mV_{RMS}$ 的小输入电压时都可以保持着直线性。而当 A_1 的偏移电压大到 10mV 时,其特性曲线将会偏离理想直线,在 $10mV_{RMS}$ 左右的输入电压下将无法进行测量。

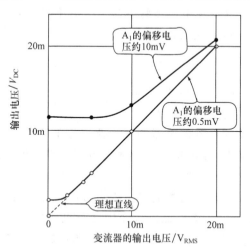

图 11.13　运算放大器 A_1 的偏置电压给
动态范围带来的影响

　　在绝对值放大器中 A_1 的偏移电压对于测量精度产生如此大的影响,因此这里使用的是偏移电压小的运算放大器 AD822A。表 11.4 给出了 AD822A 的技术指标。

表 11.4 直流电流传感器的电平变换电路(5V 驱动)的技术指标

性 质	大 小	单 位
偏移电压	0.4(2(max))	mV
温度漂移	2	$\mu V/℃$
输入偏置电流	2(25(max))	pA
单位增益频率	1.9	MHz
转换速率	3	$V/\mu s$
电源电压/电流	$+3\sim+36/1.4$	V/mA

另外,由于运算放大器 A_2 的偏移电压可以通过 VR_1 进行调整,因此不会构成什么问题。在 A_1 电路中,因为具有整流电路这样的非线性运作,所以不能够用 VR_1 进行调整(而 A_2 仅仅是一个简单的加法电路)。

第 12 章
压力传感器

所谓压力*，指的是在流体作用下，单位面积上承受的力（单位为 kg/cm^2）。能够检测这种压力的传感器叫做压力传感器。所谓的压力分为表压（力）、差压（力）与绝对压（力）三种类型。

（1）表压（力）

以大气压力为基准的压力表示方法。在高于大气压的场合用"＋"（正压）表示，在低于大气压的场合用"－"（负压）表示。通常所说的压力，指的就是表压。

（2）差压（力）

两种流体之间的压力差（也就是差压）。以其中一方的压力作为基准压力。

（3）绝对压（力）

绝对压力与表压和差压相对应，是一种以真空为基准的压力。气压计等仪器中使用的压力传感器所测量的就是绝对压力。

在一般应用的场合下，使用半导体式压力传感器，有利于发挥其灵敏度高、价格低廉的优点；而在超过 100℃ 的高温下使用、以及在腐蚀性气体中等恶劣环境下的压力测量，则使用半导体以外的压力传感器。

119 价格较便宜的通用型表压传感器

当流体是像空气之类的非腐蚀性气体的场合下，使用塑料模制型表压传感器将会是比较廉价的。其最高使用温度为 100℃ 左右，用于医疗和工业测量。随着用途的不同，额定压力千差万别，可以选择最合适的压力范围。

---

* 工程技术上所说的这种压力，在物理学中称之为压强。——译者注

像吸尘器和血压计这样能够大量生产的场合下,将功能限定在某个范围内,实现了低价格化。然而,在用于汽车的情况下,出于可靠性方面的要求,而采用了金属同轴外壳封装。

最近,将放大器制作在片式传感器封装外壳内的集成化压力传感器也已经商品化。包括绝对压力传感器在内的这类集成化压力传感器,正在逐渐变为压力传感器的主流。集成化压力传感器的性能已经预先调整好了,所以使用起来十分方便。

照片 12.1～照片 12.4 中给出了通用型表压传感器的外观形貌。

照片 12.1 通用型表压传感器
FPM-15PG 系列(Fujikura Ltd.)

照片 12.2 集成化压力传感器
XFPM100/200PGR 系列(Fujikura Ltd.)

照片 12.3 塑模型 DPS-400-500G
(Denso Corporation)

照片 12.4　金属外壳封装型
SP4A-50D(Denso Corporation)

120 可以测量大气压力的绝对压力传感器

在表压传感器中,传感器的一侧(基准侧)对于大气压开放;而在绝对压力传感器中,传感器开放的对象则变成了真空。

最近,这种绝对压力传感器也可以用在家用电器中,用于监测大气的压力。在这种场合下,由于没有必要测量到绝对真空,所以测量范围设定在了标准大气压附近(760mmHg,即 101.3kPa,1.033kg/cm^2)。

照片 12.5~照片 12.7 中给出了绝对压力传感器的外观形貌。

照片 12.5　钮扣型传
感器 FPBS 系列
(Fujikura Ltd.)

照片 12.6　内带放大器型 DPS-310 系列
(Denso Corporation)

照片 12.7 大气压力传感器
IS613（Denso Corporation）

121 压力测量范围宽的带有放大器的高压力传感器

带有放大器的高压力传感器是将处理电路制作在了传感器的内部；为了便于使用，外面还带有连接螺钉。在 EMI、EMC 等噪声环境中，还起到防止传感器受到电磁干扰的作用。

由于这种压力传感器采用了将耐腐蚀性强的不锈钢膜片所承受的压力传输给半导体式压力传感器的二重膜片式结构，因此可以测量高达 $500kg/cm^2$（绝对压力）的额定压力。

作为流体可以使用不腐蚀不锈钢的水、油和城市煤气等液体或气体。

照片 12.8 和照片 12.9 给出了高压力传感器的外观形貌。

照片 12.8 相对压力高压
传感器 SD 系列（Denso Corporation）

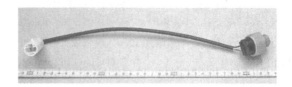

照片 12.9 绝对压力高压传感器 MD 系列（Denso Corporation）

122　可以测量发动机内部压力的带火花塞的压力传感器

在汽车发动机内部压力的测量中,需要能够经受得起高温(几百摄氏度以上)和高压力(几百个大气压),因此半导体式压力传感器难以胜任。于是就改用石英之类的压电器件。

石英具有稳定性高、牢固;感温特性优良;线性良好、滞后性能小等优点。不过,它输出的不是电压,而是电荷,因而需要有充电放大器。

为了便于往发动机上安装,上面还带有火花塞。

照片 12.10 和照片 12.11 给出了带有火花塞的传感器的外观形貌。

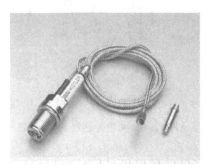

照片 12.10　缸内压力传感器体型
火花塞的塞子部分(Kistler Japan)

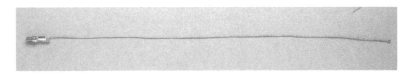

照片 12.11　缸内压力传感器的体型火花塞(Kistler Japan)

───── **专栏** ═════

应用压力传感器的制品——水位传感器

在开水供应器等设备的水位检测应用中,被检测的流体不是气体,而是水。其压力为表压,正压和负压都可以测量。

另外,作为附属在手表上的压力计,使用的是小型钮扣型压力传感器。通过测量水(海水)的压力,可以测量水的深度。

照片 12.A 和照片 12.B 给出了水位传感器的外观形貌。

照片 12. A 水位传感器 FPW 系列
（Fujikura Ltd.）

照片 12. B 水位传感器 SPW 系列
（Fujikura Ltd.）

第13章
应变传感器

应变传感器是用于检测物体的机械形变的传感器。作为应变传感器，广泛采用的是应变计。应变计的原理是，当电阻体受到外力作用时，会产生形变，由此而引起电阻体的电阻值变化。通过对机械形变的检测，就可以测量出物体所承受的力（应力）。

除了使用金属电阻丝制作应变计之外，最近市场上还出现了用箔式电阻器和半导体材料制作的应变计。半导体应变计被大量地用作民用压力传感器。

如果说应力测量，其应用范围似乎很有限。不过，如果能够将各种物理现象变换为机械形变，其应用范围将会大大地扩展开来。

123 各种形状的通用型应变计

通用型应变计是被贴在物体上使用的那种类型的传感器。为了能够将它贴附在物体上使用，传感器生产厂家为我们准备了专用的黏结剂（如照片 13.1）。黏结剂也有多种类型，应当根据用途，分别地选用它们。

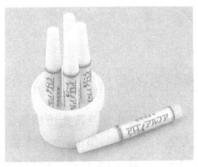

照片 13.1　应变计的涂敷材料
（NEC 三荣（株））

这种类型的传感器有各种各样的形状。在独特的结构中,有将它置于一个球体中的应变计,也有用于测量勒紧时候的轴向应力的管状应变计,以及防水型的应变计。另外,通用型应变计的温度使用范围大致上在 100~200℃ 范围内,高温型的应变计使用温度可以超过 600℃。

应变计的体积非常小,不会给被测物体带来影响,连动植物上也可以贴附。

照片 13.2 和照片 13.3 给出了通用型应变计的外观形貌。

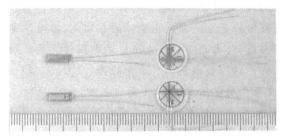

照片 13.2　箔式应变计

（右：N11 型,左：N22 型,NEC 三荣（株））

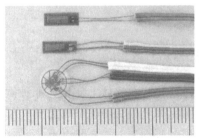

照片 13.3　带引线的箔式应变计

（从上起依次为：2 线式 N11 型,
3 线式 N11 型,2 线式 N32 型,NEC 三荣（株））

124　可以测量卡车等车辆重量的荷重传感器(载荷测力计)

应力计具有代表性的应用就是荷重传感器。荷重传感器是将检测器件贴附在感受弹性形变的部位,承受机械应变,由此而测量出卡车等的荷重(重量)。通常,荷重传感器需要有高精度,所以其中的传感器探头使用那些经过温度补偿的、线性度和抗老化性能都很优良的器件。

根据荷重类型的不同,荷重传感器可以分为压缩型;拉伸型和拉伸/压缩型。

另外,荷重传感器需要有放大器,专用放大器在市场上可以买到。

照片 13.4～照片 13.7 中给出了荷重传感器的外观形貌。

照片 13.4 荷重传感器 9E01-L 43-100K
（NEC 三荣（株））

照片 13.5 荷重传感器 9E01-L 18-100K
（NEC 三荣（株））

照片 13.6 荷重传感器
9E01-L 35-50K
（NEC 三荣（株））

照片 13.7 荷重传感器
9E01-L 1-10T
（NEC 三荣（株））

125 由可以大面积使用的压敏导电橡胶构成的力敏开关

加压导电性橡胶在压力作用下,电阻值会急剧变化,所以可以用作压敏开关使用。而且,由于它是一种由硅橡胶与金属微粒构成的复合材料,因而柔软性好,而且带有保护性外壳的导电橡胶即使在室外也可以使用。

不仅是可绕性线状感压开关或者电缆状感压开关,就连平板状感压开关或者衬垫状感压开关也已经商品化。能够得到大面积的开关是其一大特长。除了作为安全开关应用之外,作为车辆方面的应用,还可以监测车辆的流通情况。

照片 13.8~照片 13.11 中给出了各种感压开关的外观形貌。

照片 13. 8 平板开关 PLS110
(普利司通公司)

照片 13. 9 可绕性开关 CS105
(普利司通公司)

照片 13. 10 可绕性开关
(上:CS204,下:CS206,普利司通公司)

照片 13.11　压敏导电橡胶传感器
（上：M1 型，下：M2 型，普利司通公司）

━━━━ 专栏 ━━━━━━━━━━━━━━━━━━━━━━━━━━━

市场上出售的应变计配件

　　应变计在使用的时候，必须稳固地黏合在非被测对象（即参照物—译者注）上，专用的黏合剂在市场上有售，可以根据测量对象选择适当的黏合剂。例如，环氧树脂类的黏合剂适用温度范围在 200℃左右，而陶瓷类的黏合剂能够承受 500℃以上的高温。

　　除此之外，供应变计在室外使用时或者长期使用时防潮湿处理用的涂覆剂和连接线等用品，也有出售。

　　照片 13.A～照片 13.D 中示出了应变计的配件。

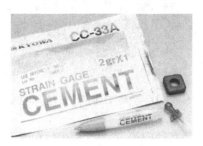

照片 13.A　陶瓷系列黏合剂
CC-33A（（株）共和电业）

照片 13.B　装卸工具（用于卸应变计引出端，（株）共和电业）

照片 **13.C**　张贴工具(应变计伴侣,
(株)共和电业)

照片 **13.D**　专用工具箱((株)共和电业)

126　应变计的结构

　　应变计如图 13.1 所示,它是将电阻体贴附在基板上,再将引出线连接到电阻体上而构成的。应变计的中心轴叫做应变计轴;电阻体基本上都是经过与这个轴的方向相平行地多次曲折往返后,形成的栅状结构。

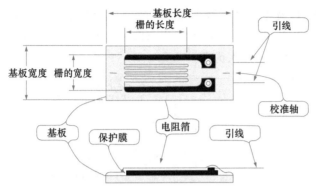

图 13.1 应变计的结构（NEC 三荣（株））

如果存在与应变轴不平行的部分，应变计在轴方向的灵敏度（叫做应变率）就会减小，于是就使它在与应变轴垂直的方向上也具有了灵敏度。表 13.1 给出了应变计的技术指标。它们的标称电阻值为 120Ω 或者 350Ω。

表 13.1 应变计的技术指标（NEC 三荣（株））

性　质	FA 系列	MA 系列
栅宽	$0.3\sim60\text{mm}$	$0.3\sim10\text{mm}$
应变计的阻值	标称阻值的 $\pm0.5\%$ 以内	
应变计的材料	阿范斯电阻合金	
基板材料	聚酯系列	聚酰胺系列
应变率	标称阻值的 $\pm2\%$ 以内	
最大应变测量范围	$\pm(2\%\sim4\%)$	
工作温度范围	$-30\sim+80℃$	$-30\sim+180℃$
热输出	常温$\sim+80℃$ $\pm2\times10^{-6}$应变$/℃$	常温$\sim+160℃$ $\pm2\times10^{-6}$应变$/℃$
温度引起的 应变率变化	$\pm0.015\%/℃$ 以内	
疲劳寿命	1000×10^{-6}的应变 10^5 次以上	
适合被测量的材料 的线膨胀系数	普通钢材$:a=11\times10^{-6}/℃$	
	不锈钢$:a=16\times10^{-6}/℃$	
	铝合金$:a=23\times10^{-6}/℃$	

127　应变计通常组成桥式结构

使用应变计的基本电路如图 13.2 所示。应变计的电阻值变化很小，其电阻值不是直接进行测量的，通常为了扩大其动态范围，使用时都将其组成桥式结构。而其桥式结构中，一般是在 $R_1\sim R_4$ 的 4 个电阻器中，有 2 个为传感器、2 个是固定电阻器的半桥结构,以及 4 个电阻器全部为传感器的全桥结构。如果构成了桥式结构,传感器的温度特性(零点漂移和灵敏度偏离)都会减轻,这是桥式结构的一大优点。

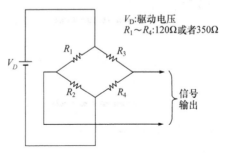

图 13.2 应变计的基本电路

(NEC 三荣(株))

但是,由于可以比较便宜地买到 16 位以上的模-数转换器,因此根据用途的不同,有时候不构成桥式结构,也可以直接测量它们的电阻值。

第14章
风速传感器

风速(空气流量)传感器是用于测量空气流动速度或者风量的传感器。通常,它利用温度传感器的自身发热,而风的速度与传感器的发热量成比例,通过这种方法将风速变换为电压。风速传感器可以用作空调系统的风量控制传感器和汽车之类的空气流量传感器。除此之外,它还作为流体力学与空气动力学领域内风洞实验不可缺少的传感器而引起人们的关注。

传统上,一般都用被称之为加热丝的铂丝作为风速传感器的风速探头;但是,最近市场上出现了利用热敏电阻器和晶体管等元器件的半导体式风速传感器。

另外,在汽车的空气流量传感器中,还有叶片型之类的机械式传感器,以及利用卡曼涡流的独特类型的传感器。

128 使用薄膜铂电阻的风速传感器

这种风速传感器组件使用的风速探头是薄膜铂电阻。温度补偿电路位于传感器的内部,所以可以得到与温度无关的准确数值。

在 0～+60℃ 的空气流中,可以测量 0～15m/s(5％FS)的风速。

照片 14.1～照片 14.4 中给出了使用铂电阻的风速传感器的外观形貌。

照片 14.1 风速传感器 AFS-0001 的
传感器单元部分(多摩电气工业(株))

照片 14.2　风速传感器 AFS-0002 的
传感器单元部分(多摩电气工业(株))

照片 14.3　风速传感器 AFS-0001 的外观形貌
(多摩电气工业(株))

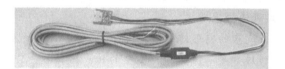

照片 14.4　风速传感器 AFS-0001 的外观形貌
(多摩电气工业(株))

129　使用锗热敏电阻器的风速传感器

　　使用锗热敏电阻器的风速传感器是一种可以同时测量风速和风温的风速传感器。使用锗热敏电阻器进行风速和风温的测量,可以测量 0.05~10m/s 的风速,以及 0~+50℃ 的风温。

　　通常,风速传感器的输出电压与风速的关系不是直线性的,所以需要有线性化电路。为此而生产了专用的信号变换器。

　　在照片 14.5~照片 14.8 中给出了使用锗热敏电阻器的风速传感器的外观形貌。

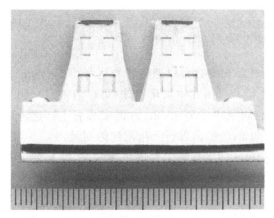

照片 **14.5**　风速传感器 FCM-UT 的传感器
单元部分①（本田工业（株））

照片 **14.6**　风速传感器 FCM-UT 的传感器
单元部分②（本田工业（株））

 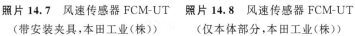 

照片 **14.7**　风速传感器 FCM-UT　　照片 **14.8**　风速传感器 FCM-UT
（带安装夹具，本田工业（株））　　（仅本体部分，本田工业（株））

130 各种各样的风速传感器探头

这里所给出的这种风速传感器是将 0.3×1mm 的风速传感器探头封入 φ2.5mm 的氧化铝球（可以清洗）中，用弹簧结构夹持着，把它固定在一个 φ0.8mm 的支撑管上。这种结构使得它能够在 360°的范围内进行无指向性的测量。

在 φ5mm 的支撑轴上形成风速探头，并安装上具有绝热结构的风温检测探头，由此而使得它具有良好的抗震性能和抗冲击性能。

风速检测探头也有的被制作成 φ1mm×2.5mm 圆柱形的极细型探头。

照片 14.9 给出了风速传感器探头的外观形貌。

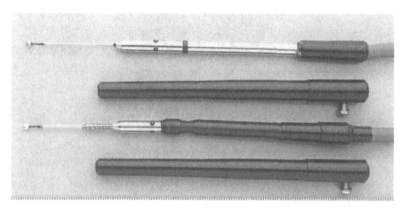

照片 14.9 SL 系列（上）与 NL 系列（下）风速传感器（本田工业（株））

131 可以测量表面风速的风速传感器探头

这种传感器探头可以测量无法安装传统探头处的表面风速。可以绕轴 360°进行无指向性测量，测量范围是 0.01～30m/s 的风速与 0～+50℃的风温。由于是在提供测试物体的表面用双面黏胶带粘贴上以后使用的，因此粘贴夹具和提供测试的物体表面都不需要进行加工。

另外，市场上还出售有一种最多能够连接 960 个这种风速传感器通道，可以同时进行多点测量风速与风温的单元。

在照片 14.10～照片 14.12 中给出了表面风速传感器探头的

外观形貌。

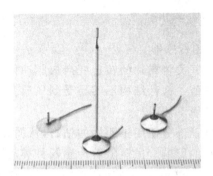

照片 14.10 QC 型的圆柱状风速器件
（本田工业（株））

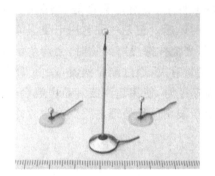

照片 14.11 QB 型的球状风速器件
（本田工业（株））

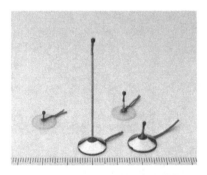

照片 14.12 QB 型的风温器件
（本田工业（株））

132 两种特殊的风速传感器

（1）翼形风速传感器

它是用接近开关将翼片的转速变换成脉冲信号，并将该脉冲信号换算成风速值。这种结构不容易受到风温变化的影响，所以适用于在恶劣环境下使用。

在翼片的轴承部分使用工业用的钻石，从而减小了因为摩擦给测量精度带来的影响。虽然随着传感器种类的不同而不同，但是一般都可以测量 60m/s 的风速和 $-40 \sim +350℃$ 的风温。

（2）气体风速传感器

这种传感器可以用于城市下水道漏气量的测量以及焚烧炉烟道等过于苛刻的条件下，具有可靠性好、精度高等特点，可以测量 $0.45 \sim 3805m/s$ 的风速。它是一种利用卡曼涡流的风速传感器。

一般情况下，当流体穿过障碍物时，会产生乱流。这种乱流形成涡流，涡流与流量有关，通过测量涡流，就可以测量涡流的速度。

在测量涡流速度时，使用超声波。超声波会受到漩涡的调制，将被调制后的超声波用信号处理电路变成为脉冲，就可以输出了。

第 15 章
位置传感器

旋转位置（角度）传感器是在 FA 与 OA 领域内控制电动机和机器人等不可缺少的重要传感器之一。角度传感器除了可以测量简单的旋转量之外，还可以用作测量旋转速度的传感器。

在角度传感器之中，从电位计之类的简单模拟式传感器，到旋转编码器之类的数字式传感器，应有尽有。还有像解析器之类的虽然属于模拟式，但是却可以高精度地测量绝对角度的传感器。

在编码器类的角度传感器之中，又分为增量型（检测相对角度的）传感器，和绝对型（检测绝对角度的）传感器。大多数的应用场合都适合采用增量型。其中，在采用增量型传感器的时候，通常都需要有计数器电路和旋转方向检测电路等。另外，在旋转编码器之类的传感器之中，还有光学式与磁学式之分；不过，以光学式为主。光学式传感器利用光刻技术制作出狭缝，具有容易实现高分辨率的特征。

在编码型传感器中，每旋转 1 圈所产生的脉冲数，在通用型（廉价型）的情况下，为 32～2048 个脉冲左右（5～12bit）；而在高分辨率的情况下，有的高达每旋转 1 圈产生几十万个以上的脉冲。图 15.1 给出了旋转型编码器的结构。

直线位置传感器是用于测量机械位移、距离和尺寸的传感器。和编码型角度传感器一样，它也活跃于 FA 与 OA 领域。简单的直线位置传感器有微动开关和限位开关，因为它们都属于机械式的传感器，所以寿命、可靠性和检测精度等都受到了限制。目前，非接触式直线位置传感器占据着直线位置传感器的主流地位。

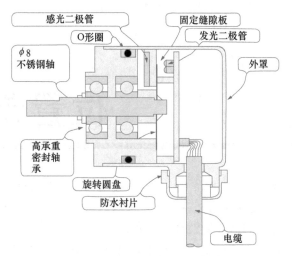

图 15.1   旋转型编码器的结构

133   典型的模拟式位置传感器——电位计

电位计在原理上与电子电路中的电位器 VR（可变电阻器）相同，只不过它的精度、分辨率和抗老化性能更高。因其结构简单、使用方便等优点，自古以来就被应用于记录仪等测量设备中。

电位计有接触式和非接触式两种类别。接触式电位计精度高、价格便宜，缺点是寿命短。反过来，非接触式电位计的优点是寿命长（半永久性），缺点是难以高精度化。

接触式电位计广泛地使用卷绕导线、导电性塑料器件以及陶瓷金属器件等作为基本材料。非接触式电位计广泛使用磁敏电阻器，利用磁场控制，而在电学上是绝缘的。

照片 15.1～照片 15.3 给出了电位计的外观形貌。

照片 15.1   旋转变位型电位计 PCR35

（日本电阻器贩卖（株））

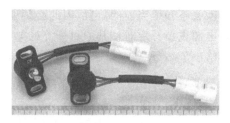

照片 15.2 旋转变位型电位计 SCF2213 系列

(日本电阻器贩卖(株))

照片 15.3 远距离操纵杆型电位计

(JS2-PP:全方位式,JS1-ST:单向式,日本电阻器贩卖(株))

134 典型的数字式位置传感器——旋转编码器(增量型)

　　电位计是模拟式旋转位置传感器,而编码器则是数字式旋转位置传感器。在编码器中还分为像光学式或磁学式之类的非接触式,以及电刷式的接触式。当应用于需要高速旋转的场合下时,使用的是非接触式。光学式编码器是利用粘贴在旋转轴上的狭缝的旋转,使得光线时断时续地遮断与透过。该光线用光敏传感器检测出来,就可以知道它的旋转量了(见图 15.1)。

　　在编码器中,又分为增量型和绝对型。增量型每旋转一圈所产生的脉冲数,靠旋转计数器等仪器进行测量。当电源关断时,如果计数器归零,就会不知道当前的位置,因此必须要有一个备份电路,或者能够在电源重新开启时使其原点恢复的起始电路。

照片 15.4 给出了增量型旋转编码器的外观形貌。

照片 15.4 增量型旋转编码器 E6A2 形、E6C2-2 形和 E6D 形
(欧姆龙公司)

135 高可靠旋转编码器(绝对编码型)

因为绝对型旋转编码器是将与旋转位置相对应的位置信号并行输出或者串行输出,所以不需要计数器。而且,即使将电源切断后再重新接通,它也可以再次读取绝对位置。

但是,如果提高分辨率(数据的比特数),与其相对应的数据量就会增加,由此而提高了成本、增加了体积。

照片 15.5~照片 15.7 给出了绝对型旋转编码器的外观形貌。

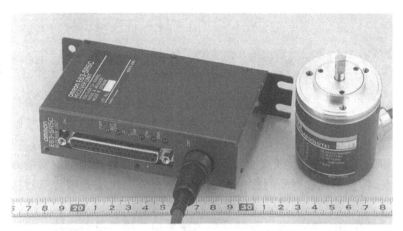

照片 15.5 多圈绝对型编码器 E6C2-M 形(欧姆龙公司)

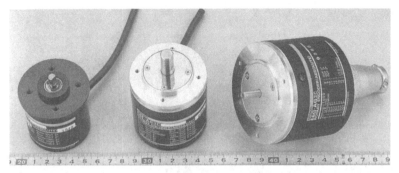

照片 15.6 绝对型旋转编码器 E6CP 形、E6F 形和 E6G 形
（欧姆龙公司）

照片 15.7 多圈绝对型旋转编码器 E6C2-A 形和 E6C-N 形
（欧姆龙公司）

136 绝对编码型旋转编码器的模拟式解析器

　　解析器是模拟式绝对位置传感器，具有精度高、体积小、可靠性高的优点。一般解析器的结构由一个转子和两个定子组成。转子如果以 $A\sin\omega t$ 信号励磁，在定子中将会得到 $A\sin\omega t\cos\theta$ 和 $A\sin\omega t\sin\theta$ 的信号。这些信号经过专用集成电路（角度-数字变换器）的处理，可以以数字信号的形式求出绝对角度。

　　具有 16bit 左右分辨能力的角度-数字变换器（统称为 R-D 变换器）集成电路在市场上可以买得到。

　　照片 15.8 给出了解析器的外观形貌。

照片 **15.8** TS2620N 型、TS2640N 型和
TS2622N 型解析器(多摩川精机(株))

137 可以检测直线位置的线性电位计

一般的电位计都是旋转式的,但是如果电位计的游标沿直线
运动,则就变成了线性电位计。电阻体可以使用导电塑料或者金
属丝等,市场上出售的这种产品的活动幅度可以达到 100cm 左
右。由于是接触式的,所以可以得到很高的精度和很好的线性;但
是由于电阻体的磨损而存在着使用寿命问题。

使用磁敏电阻器作为电阻体的线性电位计,用永久磁铁取代
游标,靠磁性反映位置的变化,而消除了接触部位。精度虽然有某
种程度的降低;但是因为没有了摩擦损耗部分,所以它最大的优点
就是使用寿命长。

照片 15.9～照片 15.11 给出了线性电位计的外观形貌。

照片 **15.9** 线性电位计 LP-30UF-R(绿测器(株))

照片 15.10 线性电位计 LP-15UL

（绿测器（株））

照片 15.11 线性电位计 LP-50F

（绿测器（株））

138 高分辨率的磁性线型传感器

　　在磁性线型传感器中,包括数字式线型编码器和直线型位移传感器。数字式线型编码器是用于检测磁鼓上被微小的音节磁化的磁性区域的磁性传感器。直线型位移传感器是能够输出与直线位移成比例的模拟电压的磁性传感器。

　　线型位移传感器能够检测的距离越长,价格就越贵。为了小型化和降低成本,一般都把其检测距离设定为几毫米左右。它虽属于接触式结构,却可以得到稳定的输出。

　　照片 15.12 和照片 15.13 给出了磁性线型传感器的外观形貌。

照片 15. 12　磁性线型传感器 MLS-103A

(San-E Tec Co.,Ltd)

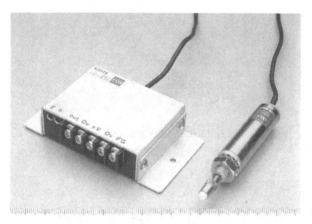

照片 15. 13　磁性线型传感器 MLS-101LT

(San-E Tec Co.,Ltd)

139　应用范围广的接近开关

接近开关主要用于检测金属。其工作方式有高频振荡型、差动线圈型和磁性型等类型。检测距离为几十毫米左右,可以进行高可靠性的检测。

高频振荡型和差动线圈型接近开关利用的是流经金属表面的涡流,因此不管是磁性材料,还是非磁性材料,几乎所有的金属材料都可以检测。

磁性型接近开关使用的是永久磁铁,因此只能检测磁性材料。

除此之外,还有超声波型和电容型接近开关,这些接近开关不仅可以检测金属,也可以检测非金属。

照片 15.14 给出了接近开关的外观形貌。

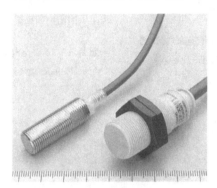

照片 **15.14** 接近开关(左:E2E-X2E1 型,
右:E2F-X5F1 型,欧姆龙公司)

140 廉价的光电开关

光电开关是将光敏传感器当作检测物体有无的手段而制作出来的器件。它通常把发光二极管作为投光器,用光敏三极管作为受光器。其优点是电路简单,价格比较便宜;缺点是容易受到杂散光的影响,难以检测透明的物体。它也可以检测微小的物体,还可以附加对应的透镜。

具有代表性的检测方式有透射型和反射型两种方式。在透射型的场合下,发光二极管与光敏三极管必须排列在同一条直线上(该过程叫做光轴调整),因为其稳定性好,所以可以进行长距离(几十米左右)的检测。

另外,在反射型的情况下,所检测的载体是投射到物体上并反射回来的光线,因此存在容易受到物体的大小与表面颜色(反射率)等因素影响的缺点;但是由于布线和光轴的调整都比较简单,因此被经常采用。

在恶劣环境和危险场所使用的情况下,可以将放大器配置在远离探头的地方,有的光电开关还备有光缆。

照片 15.15~照片 15.18 中给出了光电开关的外观形貌。

照片 15.15 内部带有放大器的
小型光电开关 E3T 系列
（欧姆龙公司）

照片 15.16 光电开关用的反射板
E39-R4 型（欧姆龙公司）

照片 15.17 内部带有放大器的光电开关
E3S-CL 型（欧姆龙公司）

照片 15.18 E3MC-X11 型具有色差辨别功能的
光电开关（欧姆龙公司）

141 电路微小型化进程中的微动开关(限位开关)

　　微动开关是将开关的按键设置在传动装置的外部、进行运作的机械开关。随着传动装置的形状不同,其按键有琴键按钮、滚轴按钮、弹簧片以及杠杆等多种结构形式;按键的种类取决于用来驱动按键的力的大小以及检测(移动)的距离等因素。

　　最近,利用磁敏传感器和光学传感器的无触点化的微动开关,也已经在市场上出售。因为没有触点,所以可靠性高;因为不会产生振荡,所以被应用于计数电路和计时电路等场合。

　　限位开关是为了使微动开关不受灰尘、水和外力等因素的影响,而将微动开关密封在外壳中的一种开关。价格虽然提高了,但是却在恶劣的场所也可以使用。

　　照片 15.19～照片 15.23 给出了微动开关的外观形貌。

照片 15.19　普通型通用开关(Z-15GW 型)与大容量型通用开关
　　　　　　　(A-20GQ 型,欧姆龙公司)

照片 15.20　微动开关 D3C 型
　　　　　　　(欧姆龙公司)

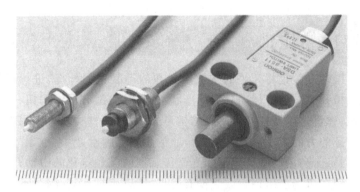

照片 15.21 D5A 系列高精度微动开关

（欧姆龙公司）

照片 15.22 触觉开关 D5B 系列型

（欧姆龙公司）

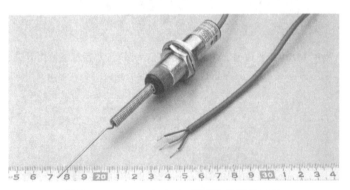

照片 15.23 D5C-1DSO 型圆柱状接触开关

（欧姆龙公司）

参考文献

[1] 岸孝之；熱電対温度センサの活用技術，センサ・インターフェーシングNo.1，トランジスタ技術編集部編，昭和57年，CQ出版㈱.

[2] 西村悟；熱電対の使い方，温度・湿度センサ活用ハンドブック，トランジスタ技術編集部編，昭和63年，CQ出版㈱.

[3] JIS C1602-1981, C1605-1982, C1610-1981, 熱電対，（財）日本規格協会.

[4] 岸孝之；測温抵抗体温度センサの活用ハンドブック，センサ・インターフェーシングNo.1，昭和57年，トランジスタ技術編集部編，CQ出版㈱.

[5] 西村悟；白金測温抵抗体の使い方，温度・湿度センサ活用ハンドブック，昭和63年，トランジスタ技術編集部編，CQ出版㈱.

[6] JIS C1604-1989,測温抵抗体，（財）日本規格協会.

[7] 林正一；フォト・センサの使い方，メカトロ・センサ活用ハンドブック，トランジスタ技術編集部編，CQ出版㈱.

[8] 相良竜雄；ストレン・ゲージ圧力センサの使い方，メカトロ・センサ活用ハンドブック，トランジスタ技術編集部編，昭和63年，CQ出版㈱.

[9] 尾和瀬穣二；非接触型電流・電圧センサの使い方，メカトロ・センサ活用ハンドブック，トランジスタ技術編集部編，CQ出版㈱.

[10] 中山金次；振動・超音波センサの使い方，メカトロ・センサ活用ハンドブック，トランジスタ技術編集部編，CQ出版㈱.

[11] 小田正晴；高周波超音波センサの概要，高周波超音波センサの応用，メカトロ・センサ活用ハンドブック，トランジスタ技術編集部編，CQ出版㈱.

[12] 蒲生良治；マイコン用計測回路とそのインターフェース，1980年，CQ出版㈱.

[13] 松井邦彦；センサ応用回路の設計・製作，1990年初版，CQ出版㈱.

[14] 山崎健一；磁気センサの使い方，メカトロ・センサ活用ハンドブック，昭和63年，CQ出版㈱.

[15] 土屋憲司；NTCサーミスタとは，温度・湿度センサ活用ハンドブック，1988年，CQ出版㈱.

[16] 松山公一；高精度サーミスタとは，温度・湿度センサ活用ハンドブック，1988年，CQ出版㈱.

[17] JIS C1611,サーミスタ測温体，（財）日本規格協会.

[18] JIS C1604-1989, 測温抵抗体，（財）日本規格協会.

[19] 笠次他；薄膜白金温度センサとは，温度・湿度センサ活用ハンドブック，1988年，CQ出版㈱.

[20] JIS　C1602-1981, C1605-1982, C1610-1981, 熱電対，（財）日本規格協会.

[21] 伊藤聡；温度・湿度センサ活用ハンドブック，焦電型赤外線センサとは，1988年，CQ出版㈱.

[22] 松井邦彦；OPアンプ活用100の実践ノウハウ，1999年，CQ出版㈱.

[23] センサ・メーカー各社データ・シート.